CHOIX MÉTHODIQUE

DE

L'HISTOIRE NATURELLE

DES ANIMAUX

D'ÉLIEN,

PAR A. VALATOUR,

TRADUIT EN FRANÇAIS,

PAR A. KORNMANN

DE GRAY.

PARIS,

LIBRAIRIE CLASSIQUE DE Vᵉ MAIRE-NYON,

Quai de Conti, n° 13.

1835.

A MESSIEURS

ALFRED RENOUARD,

ÉDOUARD GIRARD

ET

CHARLES RIGAL.

SOUVENIR D'AMITIÉ.

NOTICE SUR ÉLIEN.

CLAUDE ELIEN, selon Suidas [1], était de Préneste [2] et grand-prêtre. Mais il est bien à craindre qu'en ceci Suidas n'ait confondu notre Elien avec un Plaute Elien, grand-prêtre dont Tacite fait mention *Hist.* IV. 53.

Ce qu'il y a de plus certain c'est qu'il exista deux écrivains de ces mêmes nom et prénom (Claudius Ælianus). L'un, plus ancien, et grec de nation, dédia à Trajan [3] et non à Adrien [4], comme beaucoup l'avancent, un

---

1 Suidas ou Sudas, lexicographe du 9e ou du 10e siècle, selon l'opinion la plus probable. Malgré ses nombreux défauts, il a rendu de grands services pour l'histoire des Grecs et des Romains. Il fournit un grand nombre de fragmens d'écrivains dont les noms mêmes se sont perdus, et des détails curieux sur les poëtes, les orateurs et les historiens anciens.

2 Préneste, ville d'Italie, dans la grande Grèce.

3 Trajan, né à Séville, 18 septembre, 52 de J.-C., empereur en 98, mort 11 août 117 à 64 ans, régna 20 ans à-peu-près.

4 Adrien, né à Italica, 24 janvier 76, empereur en 117, mort 10 juillet 138 à 62 ans.

ouvrage sur la tactique des Grecs; l'autre plus rapproché de nous est celui dont nous allons esquisser la vie.

Hormis la dignité et le lieu de naissance, la notice concise de Suidas sur Elien se retrouve dans celle de Philostrate, liv. II, *Vie des sophistes*; et, comme ce dernier était contemporain de notre auteur, son autorité prévaudra dans notre opinion, tant que notre critique n'aura pas à la combattre.

Cl. Elien né à Rome, sur la fin du 2e siècle, consacra sa vie à l'étude des Lettres et de la Philosophie. Il se forma de bonne heure aux leçons de Pausanias et d'Hérode. Il était grand admirateur de ce dernier qu'il regarde comme le plus docte des rhéteurs de ce temps et le plus habile à varier le discours. Peu-à-peu de disciple il devint maître, et il se mit aussi à professer la Rhétorique à Rome.

L'anecdote suivante nous ferait croire qu'Elien ne se borna pas à enseigner les préceptes de l'art oratoire; mais que, dans sa jeunesse il essaya aussi ses forces comme orateur.

Un jour, il fut rencontré par Lemnius Philostrate. Il tenait un livre qu'il lisait en déclamant avec indignation. Philostrate lui demanda quel était le sujet de l'ouvrage. C'est l'accusation du tyran[1] vil et efféminé que j'ai composée, répondit Elien. Je t'admirerais, répliqua Philostrate, si tu l'eusses accusé, quand il faisait peser sur Rome son joug avilissant : car, il est, à mon avis, d'un homme de cœur de censurer un tyran, pendant sa vie; mais l'attaquer après sa mort, c'est l'acte d'un homme vulgaire.

Elien se livra par goût à l'étude de la langue grecque, et parvint à la parler et à l'écrire avec distinction. Ses ouvrages sont tous écrits dans cette langue de prédilection. Philostrate s'épuise en louanges sur son style qui me semble trop recherché; il compare Elien aux Athéniens pour la pureté et l'aisance du langage. Suidas, de son côté, dit qu'Elien était surnommé μελίγλωσσος doué d'une langue de miel ou μελίφθογγος doué d'une voix de miel.

En tout cas, le titre de Sophiste qui fut décerné à Elien est une preuve certaine de son érudition et de son talent : car, de son tems, ce titre était réellement honorable. Ce ne fut que dans les âges suivans, qu'on changea la signification du mot *sophiste*, et qu'on lui en donna une très-peu flatteuse.

---

1 Héliogabale.

La réputation d'Elien florissait sous les règnes d'Elagabale[1] ou Héliogabale et d'Alexandre-Sévère[2]. Il sortit peu de Rome où il jouissait d'une grande considération à cause de sa constance à observer les usages et les mœurs de la patrie. Malgré cela, je suis loin d'ajouter une foi entière à ce que son biographe lui prête. « Elien, rapporte-t-il, répétait souvent et non en secret qu'il n'était jamais sorti d'Italie, qu'il n'avait jamais mis le pied sur un vaisseau, et n'avait nulle expérience de la mer. » Or, Elien se démentirait dans le passage, XI, 40, *de naturâ animalium*, où il dit avoir vu à Alexandrie, βουν πενταποδα, consacré à Sérapis. Du reste, il serait vraisemblable, pour tout concilier, qu'Elien a composé dans un âge avancé ses livres *de Naturâ Animalium*, et qu'il entreprit le voyage d'Égypte postérieurement à l'époque où Philostrate lui avait entendu dire qu'il n'avait jamais navigué sur mer.

Avant qu'on ne se fût occupé de notre au-

---

1 Elagabale (Ela *Dieu*, gabat *former*, deux mots syriaques) né en 204, élu empereur en 218, tué en 222.

2 Alexandre-Sévère, né en 209, empereur en 222, tué en 235.

teur d'une manière spéciale, l'époque où il vécut était si peu précise que le commentateur Jacobs signale à ce sujet une erreur dans notre savant Cuvier, t. I. p. 34. Mais une circonstance qui, outre les preuves qui résultent de notre notice, fixe le tems où parut Elien, c'est qu'il tira beaucoup de documens d'Oppian [1] et des entretiens des Deipnosophistes [2], nouvelle secte de philosophes qui se forma peu-après la mort du chantre *de la Pêche et de la Chasse* que nous venons de citer.

Elien mourut, célibataire et sans postérité, à l'âge de 60 ans.

OUVRAGES D'ÉLIEN.

L'ouvrage le plus important d'Elien est, sans contredit, celui *de Naturâ Animalium.* La meilleure édition de ce livre est celle

1 Oppian, poète grec d'un grand talent, qui composa *Cynegetica et Halieutica*, poèmes qui heureusement sont parvenus jusqu'à nous. Il mourut à 30 ans, emporté par une maladie contagieuse.

2 Deipnosophistes, secte fondée par Athénée, et dont les séances se tenaient, à ce qu'il paraît, à l'heure du repas du soir, sinon pendant le repas.

enrichie des notes de Schneider, naturaliste savant et critique habile.

La préface dont Mr Valatour a fait précéder le judicieux et utile Extrait que j'ai essayé de traduire le premier, est un morceau que doit lire quiconque veut avoir une opinion juste et complète et du style et de cet ouvrage d'Elien.

Viennent ensuite *Variæ historiæ* dont Mr Dacier a fait une traduction estimée. On juge cet ouvrage comme le plus ancien des Ana et peut-être l'un des meilleurs. Il est donc bien à regretter qu'Elien n'ait pas indiqué les sources où il a puisé.

Les qualités du style et le caprice de composition déterminent encore à attribuer à notre Elien le recueil intitulé, *Cl. Æliani Epistolæ rusticæ XX.*

Enfin Elien aurait encore composé, comme tout nous porte à le penser, un traité sur la Providence, qui n'est pas parvenu jusqu'à nous, mais dont Suidas rapporte beaucoup de fragmens.

PRÉFACE.

Que l'homme soit sage et juste, qu'il ait une prévoyance extrême pour ses enfans, rende à ses parens les soins qu'il leur doit, pourvoie à sa nourriture, se tienne en garde contre les piéges et tire parti des faveurs dont l'a comblé la nature ; rien en cela de surprenant, ni d'étrange. En effet, l'homme a reçu en partage la parole, le plus précieux des dons, et le raisonnement, faculté d'une ressource constante et d'une immense utilité ; de plus, son cœur lui a inspiré de vénérer les dieux et de leur rendre un culte. Mais que les brutes, et ce n'est pas seulement d'après mon propre jugement, aient été douées par la nature d'une certaine puissance morale, qu'il leur ait été départi maints admirables avantages personnels à l'homme, voilà, certes, qui est sublime. Or, l'observation profonde des caractères distinctifs de chaque espèce, et l'établissement des preuves qu'il n'a pas été pris moins de soin des autres animaux que de l'homme, telle serait la noble tâche d'un esprit cultivé et très-savant.

Je sais très-bien que d'autres ont laissé d'importans travaux sur cette matière ; néanmoins, après avoir rassemblé pour moi-même en corps d'ouvrage leurs recherches avec toute l'attention possible, et après les avoir écrites en style familier, j'ai cru que le fruit de mes veilles offrait un trésor qui n'était pas sans mérite. Eh bien! si ce livre paraît utile à un autre écrivain, qu'il s'en serve; sinon, qu'il laisse l'enfant gâté aux caresses et à la sollicitude paternelles; car nul suffrage n'est unanime à l'égard du beau, nul zèle universel à l'égard du mérite. Et quoique je sois survenu après maints écrivains, mes devanciers et mes maîtres, que cet arrêt des destins ne porte pas échec à ma gloire, puisque j'aurai mis au jour une œuvre scientifique digne d'estime et par ses découvertes et par son style.

CHOIX MÉTHODIQUE

DE

L'HISTOIRE NATURELLE

DES ANIMAUX

D'ÉLIEN.

MAMMIFÈRES.

I. LE SINGE.

(*Quadrumane.*)

Son instinct imitateur. V. 26.

Le singe est le plus habile imitateur d'entre les animaux ; tout ce qu'on lui enseigne d'actes et de gestes du corps, il le retient si fidèlement qu'il le répète, comme on le lui a montré. C'est pourquoi, le dresse-t-on à danser, il danse; il joue de la flûte, si on le lui apprend. Pour moi, j'en ai vu même tenir des rênes, se servir du fouet et conduire un équipage. Bien mieux, se prêtant sans peine à tout autre exercice, il répondra toujours aux soins de son maître; tant se multiplie l'instinct naturel de cet animal souple et adroit.

Un Singe fait périr un enfant en le plongeant dans de l'eau bouillante. VII. 21.

Le singe est, certes, le plus malin des animaux; mais il se surpasse en instinct malicieux dans les actes où il essaie d'imiter l'homme.

Un singe examinait un jour, d'un lieu élevé, une nourrice qui baignait son petit enfant dans un vase : il la voit d'abord délivrer le poupon de ses langes, puis l'en envelopper après le bain. L'animal observe bien l'endroit où cette femme dépose son nourrisson; ensuite, dès qu'il la voit retirée et l'enfant seul, il s'élance dans la chambre par une fenêtre ouverte d'où il avait tout découvert. Alors notre singe tire l'enfant de son berceau et le met nu, tel qu'il avait vu faire; après cela, il le porte au milieu de la chambre, verse sur le jeune infortuné une eau bouillante qui était à chauffer sur des charbons ardens, et le fait périr de la manière la la plus misérable.

On profite du penchant du Singe à l'imitation pour le prendre. XVII. 25.

Clitarque[1] rapporte que, dans les Indes, se trouvent des races de singes de diverses couleurs et de la plus grande taille; mais que, dans les pays montagneux, leur multitude et leur taille sont telles, qu'Alexandre fils de Philippe, en fut même, dit-on, très-effrayé, ainsi que les guerriers de sa nation; car il s'était imaginé, à la vue de leur nombre pressé, découvrir une armée ennemie concentrée en embuscade. Les singes, en effet, se tenaient droit par hasard, lorsqu'ils apparurent à Alexandre.

On ne prend les singes ni avec des filets, ni avec des chiens de chasse que la finesse d'odorat rend habiles à

---

1 Fils de l'historien Dinon, accompagna Alexandre dans ses conquêtes et en fit une relation qui est perdue.

suivre le gibier à la piste. Mais, comme cet animal devient danseur, s'il regarde une personne danser; et qu'il veut même jouer de la flûte, s'il voit quelqu'un s'exercer sur cet instrument; que de même aussi, contemple-t-il un individu s'entourer les pieds de brodequins, il l'imite en cette chaussure, ou bien se peindre les yeux de rouge [1], il tâche d'en faire autant : c'est pourquoi, à la place des brodequins ordinaires, on en expose de lourds et creux en plomb. On met à côté les lacets, afin que l'animal puisse entrer ses pattes; et il se trouve ainsi pris dans un piège d'où il ne peut plus s'échapper. Quant à la glu, au lieu de vermillon, c'est un piège que l'on tend à leur vue.

Le chasseur indien fait usage d'un miroir devant les singes qui l'examinent. Ce miroir [2] peut n'être pas véritable; néanmoins, le chasseur en laisse de réels qu'il fixe par de forts liens sur des appuis; et voici ce qui se passe. Les singes arrivent et s'y regardent avec une profonde attention, imitant fidèlement ce qu'ils ont vu faire à l'homme. Il résulte alors de la fixité opiniâtre de leur regard et du reflet de la lumière un éblouissement qui force leurs paupières à se fermer. C'est ainsi qu'au moyen de cette courte cécité, il est facile de les prendre; car ils sont dans l'impossibilité de fuir. Voilà ce qui nous a été transmis entr'autres particularités sur les singes de l'Inde ou du reste du globe; et ces documens, certes, ne sont pas sans importance pour un esprit éclairé.

II. HÉRISSON.

(*Insectivore.*)

Instinct de cet animal. III. 10.

Le Hérisson terrestre a été doué par la nature de pru-

---

1 Cinabre naturel. Les principaux Éthiopiens et les anciens triomphateurs Romains s'en teignaient le corps.

2 Miroir métallique fait d'argent ou d'alliage.

dence et d'adresse pour le soin de sa subsistance. En effet, comme il a besoin d'une nourriture de toute l'année et que toutes les saisons ne produisent pas des fruits, on dit qu'il va se rouler sur les claies où sèchent les figues, et que perçant ces fruits de ses piquans, beaucoup y restent plantés. Ensuite, il les transporte sans peine dans son souterrain, en fait provision, les garde, et se trouve ainsi avoir chez lui de quoi vivre, dans le tems où au dehors il n'est pas possible de se procurer la moindre pâture.

III. L'OURS.

(*Carnivore plantigrade.*)

État de ses petits à leur naissance. II. 19.

VOICI une particularité surprenante propre à l'Ourse. Il n'a pas été donné à cet animal d'enfanter des petits tout formés ; aussi, à voir les oursins à leur naissance, nul ne peut juger que la progéniture de l'ours soit un être organisé. Il est vrai qu'aussitôt après le part, l'oursin n'offre à la vue qu'une masse hideuse de chair, un être sans forme et sans trait prononcé[1]. Mais déjà la mère aime et reconnaît en lui son fruit ; elle le réchauffe entre ses jambes, le nettoie avec sa langue, façonne les articulations de ses membres et peu-à-peu lui donne sa physionomie, tellement qu'au simple aspect vous convenez alors que c'est un oursin.

Habitudes de l'Ours. VI. 3.

J'AI avancé quelque part plus haut que l'ourse n'enfante d'abord qu'un morceau de chair informe et qu'ensuite elle le façonne, et, pour ainsi dire, le modèle. Main-

---

1 Le bon sens fait réduire ce passage d'Élien sur l'oursin à ces mots : *une apparence informe.*

tenant je vais raconter de l'ours ce que je n'en ai pas encore dit, et cela d'autant plus à propos. Cet animal procrée en hiver; et, pour mettre bas, se cache dans une tanière. Comme il craint le froid, il y attend le retour du printems, et n'en fait jamais sortir ses petits avant l'âge de trois mois accomplis. Lorsque l'ours se sent beaucoup d'embonpoint, redoutant cet état, comme une maladie réelle, il se cherche une retraite; de là, on a appelé *antre* (φωλία), ce malaise de l'ours. A-t-il trouvé une tanière, il n'y entre pas en marchant, mais renversé; et c'est en s'y traînant sur son dos qu'il dérobe ainsi tout-à-fait ses traces aux chasseurs [1]. Une fois qu'il s'est furtivement glissé dans son antre, il s'y abandonne au repos, se dépouille en quelque sorte de sa graisse, et cette opération dure 40 jours. Selon le témoignage d'Aristote [2], l'ours reste bien quatorze jours immobile et sans bouger; mais, pendant le reste du tems, il se tourne; cependant il convient aussi qu'il fait diète, s'abstient de toute nourriture pendant 40 jours entiers, et qu'il se contente de lécher sa patte droite. Or, il résulte pour l'ours de cette collication de graisse une excessive constipation et concrétion d'intestins. A peine s'est-il aperçu de son mal, quand il est sorti de son antre, qu'il mange dans les champs d'une plante appelée *pied de veau* [3]. Cette herbe étant flatueuse a une propriété dissolvante et laxative qui remet les intestins en état de recevoir des alimens. Ensuite, après s'en être encore une fois repu, il se nourrit de fourmis, et l'évacuation est alors facile.

---

1 Plutarque mentionne aussi cette ruse; mais Aristote nullement.

2 *Hist. des anim.* VIII, 17.

3 Plante bulbeuse dont la racine s'emploie en médecine. Cet instinct médical de l'ours est bien prouvé.

Comment la femelle garantit ses petits, quand elle est poursuivie.—De quelle manière l'Ours attaque les Taureaux. VI. 9.

Les deux traits suivans prouvent bien quelle est l'adresse de l'ours. Une femelle est-elle poursuivie avec ses petits, elle les pousse devant elle tant qu'il lui est possible; et, dès qu'elle remarque leurs forces défaillir, elle en place un sur son dos, prend l'autre dans sa gueule et, s'accrochant au premier arbre, elle s'y élance; alors, pendant qu'elle grimpe, l'oursin qui est sur son dos s'y retient avec les griffes, tandis qu'elle porte le second avec les dents.

Lorsque l'ours pressé par la faim, rencontre un taureau, il ne le combat pas en ennemi puissant, de front, à force ouverte : mais il se renverse en arrière[1], le saisit au cou, le fait plier sous son poids et en même tems le dévore. Cependant le taureau, vigoureusement étreint, mugit; mais enfin accablé, il succombe et couvre la terre de son corps. L'ours alors se gorge de sa proie.

IV. LE CHIEN.

(*Carnivore digitigrade.*)

Vigilance d'un Chien récompensée par les Athéniens. VII. 13.

ARISTOTE[2] cite l'histoire d'un mulet laborieux auquel les Athéniens avaient décerné la nourriture aux frais de l'état, parce que cet animal se mettait de lui-même au travail, autant que le permettait son âge; nous-mêmes ailleurs en avons fait aussi mention éclatante: il n'est donc pas hors de propos de raconter ce fait d'un chien à Athènes:

Un voleur sacrilége, après avoir épié l'instant du

---

1 Arist. *Hist. des anim.*, VIII, 5. Pline VIII, 36.
2 *Hist. des anim.* V, 24.

sommeil le plus profond des gardiens, s'était introduit furtivement dans le temple d'Esculape à l'heure favorable de minuit. Là, il avait dérobé une foule d'ornemens ; et l'auteur du vol serait resté inconnu, comme il l'espérait, si, dans l'intérieur du temple, ne s'était trouvé un chien, bonne sentinelle sans doute et gardien plus vigilant que les servans de l'édifice. Or, cet animal, tout en chassant les voleurs, s'attache à leurs pas, les harcelle de ses aboiemens et témoigne ainsi du forfait autant qu'il lui est possible. D'abord, le voleur et les complices de sa criminelle action, de lui lancer des pierres, puis enfin de lui jeter du pain et des galettes ; car, d'après ses conjectures, le chef de la bande s'était prudemment muni de ces amorces pour les chiens. Néanmoins, le voleur depuis cette époque se sauvait-il dans sa maison ou bien en sortait-il, toujours le chien l'accompagnait en aboyant contre lui.

Enfin on reconnaît d'où est ce chien et des inscriptions[1] reclament les ornemens enlevés, signalant même leurs places dans le temple. En conséquence, les Athéniens ne tardent pas à découvrir que le voleur est cet homme lui-même; ils lui appliquent la question et apprennent de lui toutes les circonstances du vol. Alors le coupable, d'après la loi, est condamné à la peine capitale, et le chien est jugé digne d'être nourri et soigné aux frais de l'état, tel qu'un gardien vraiment fidèle qui ne le céde en vigilance à aucun néocore.

Attachement du Chien pour son maître. VI. 25.

Les poètes célèbrent la fille d'Iphite[2], et les théâtres

---

1 Inscriptions, au-dessus des offrandes, portant l'objet et le nom des donateurs.

2 Évadné qui se précipita sur le bûcher de Capanée, son époux.

retentissent de leurs chants à la louange de cette héroïne qui, ayant préféré son époux à sa vie, s'éleva par sa chasteté bien au-dessus de son sexe. Or, les animaux ne sont pas étrangers à cette tendresse excessive pour leurs bienfaiteurs. Le chien d'Erigone[1] ne survécut pas à sa maîtresse; celui de Silanion[2] mourut sur la tombe de son maître, sans qu'on eût pu l'en éloigner, ni par la force, ni par la flatterie. Darius, dernier roi des Perses, dans la lutte qu'il soutint contre Alexandre, fut assassiné par Bessus, et son corps resta gisant à terre : une fois mort, tout son monde abandonna son cadavre; le chien seul qu'il avait nourri lui fut fidèle, ne le trahissant pas plus, après sa mort, que pendant sa vie, quoiqu'il eût perdu en lui son nourricier. Xénophon, fils de Grillus, cite avec l'arrogance d'un jeune homme un trait semblable, selon lui, des amis de Cyrus-le-Jeune[3]. Il dit, en effet, que les commensaux de ce prince étaient seuls restés les compagnons inséparables de son malheur et avaient partagé sa mort; que, de plus, l'eunuque Arbate, son porte-sceptre honoraire, s'était donné la mort, sentant bien que, pour lui, privé de Cyrus, la vie désormais serait sans prix et sans charmes. Le chien du roi Lysimaque[4], subit volontairement le même trépas que son maître, et pourtant il pouvait se sauver.

1 Fille d'Icare, tué par des paysans qui, témoins des effets du vin dont il leur avait montré l'usage crurent leurs camarades empoisonnés.

2 Son corps fut abandonné aux bêtes féroces.

3 Expédition de Cyrus-le-Jeune. Liv. I.

4 Un des lieutenants d'Alexandre, régna en Thrace, en Macédoine, et périt dans une révolte de ses sujets contre lui, à l'occasion du supplice de son fils Agathocle. Le chien de ce prince s'appelait Hyrcan. Pline, VIII, 40.

Instinct du Chien de chasse. VIII. 2.

Tout chien de chasse se réjouit, quand il a pris une bête fauve; et, si son maître la lui accorde, il use de sa proie, comme du prix de sa victoire : dans le cas contraire, il garde l'animal vivant, jusqu'à ce que le chasseur n'arrive et ne prononce sur le sort du captif. Rencontre-t-il un lièvre ou un sanglier mort, il n'y touche pas; car il ne saurait usurper le fruit des fatigues d'autrui, et croirait indigne de lui de s'approprier ce qui ne lui appartient point. Or, d'après ces faits, il paraît que la nature a mis en lui un germe de générosité : car il ne chasse point pour l'appas d'une proie, mais pour le charme de la victoire.

Mais il convient aussi d'apprendre quelle est la conduite de cette espèce de chien, pendant la durée d'une chasse. Ce chien attaché à une longue laisse, précède d'abord le chasseur; et réprimant sa voix, il flaire en silence. Tant qu'il est sur un terrain désert de gibier, et qu'il n'est tombé sur aucune trace, il devance son maître avec un air plus triste, autant qu'on en peut juger à le voir. Cependant en prenant ainsi les devants, le chien entraîne après lui le chasseur avec une ardeur et un courage admirables : mais une fois que par hasard il a surpris une trace, et qu'il est tombé quelque part sur une émanation de bête fauve, il s'arrête là. Le chasseur alors s'avance plus près, et le chien transporté de joie par son succès, flatte son maître et baise ses pieds; ensuite, il reprend la piste et s'avance lentement, jusqu'à ce qu'il arrive au gîte; il ne va pas plus loin. Le chasseur le comprend, et, par un cri qu'il pousse, il annonce le voisinage du gîte aux porte-filets, et ceux-ci les tendent autour. Le chien pourtant se met à aboyer en cette occasion ; il devine qu'alors ses aboiemens feront lever le sanglier, que, dans sa fuite, la bête tombera dans les toiles et y sera prise. Le gibier enfin captif, le chien proclame son hymne de victoire, comme une *Pœanée* ; il est charmé ; il bondit de joie, tel que les soldats vainqueurs de l'ennemi. Ces chiens chassent de la même manière les sangliers et les cerfs.

V. LE RENARD.

(*Même ordre. Même famille.*)

Différentes preuves de l'astuce de cet animal. VI. 24.

Le renard est un animal rusé. Or, voici les embûches qu'il tend aux hérissons terrestres. Il lui serait impossible de les vaincre, quand ils sont sur leurs pattes, à cause des piquans qui repousseraient son agression ; c'est pourquoi, il les retourne tout doucement et avec grande précaution, pour ne point se blesser la gueule, et les renverse sur le dos [1] ; ensuite, il met en pièces et dévore sans peine ces animaux, qui naguères lui étaient formidables.

Dans le Pont, le renard chasse les outardes de la manière suivante. D'abord, ils tournent le dos et se penchent jusqu'à terre ; après quoi, ils étendent leur queue, comme un long cou de volatile. Les outardes [2] attirées s'avancent vers lui, de même que vers un oiseau de leur espèce, et une fois qu'elles sont assez proches, le

1 Parte omni inferiore raram et innocuam habent (Erinacei) lanuginem. Pline VIII, 37.

2 V. La Fontaine, *le Renard et les Poulets-d'Inde*. Fabl. XII, 18. Châteaubriand (*voyage en Amérique*) raconte tout au long les ruses semblables du renard canadien contre les oies et les canards.

renard les saisit sans effort, en tournant sur lui-même, et en fondant sur elles avec sa fougue naturelle.

Il pêche aussi avec une adresse admirable aux petits poissons. Dans ce but, il chemine le long de la rive du fleuve et fait descendre sa queue dans l'eau. Les petits poissons en nageant à travers les poils, se prennent et s'empêtrent dans leur épaisseur. Dès que le renard l'a senti, il retire soudain sa queue de l'eau, s'avance sur le terrain sec, y secoue son filet et en fait tomber les fretins; c'est ainsi qu'il se procure un festin digne des Dieux.

Les Thraces se servent de cet animal pour s'assurer si la glace des fleuves est assez forte. Si le renard traverse la surface cristallisée, sans qu'elle s'affaisse, ni ne rompe sous ses pas, ils sont rassurés et le suivent. Or, le renard éprouve de cette manière l'endroit le plus solide pour le passage. Il applique son oreille à la glace; et, s'il n'entend le courant retentir au-dessous de la surface, si enfin le silence n'est troublé par aucun murmure parti du fond, le renard se confie à la solidité de la glace; il y court le premier. Dans le cas contraire, il n'y ferait un seul pas.

VI. LE LION.

(*Même ordre. — Même famille.*)

Nature de cet animal. IV. 34.

Le cou du lion se compose d'os; mais la division en plusieurs vertèbres n'existe pas[1]. Si l'on entrechoque les os de cet animal, il en jaillit du feu[2]; aussi ne contiennent-ils point de moëlle, et ne sont-ils point creux, comme

1 Erreur d'Aristote. Le cou du lion comme de tous les quadrupèdes a 7 vertèbres.

2 Autre erreur d'Aristote.

des tuyaux. Le tems de la gestation est de deux mois. Les cinq premières portées de la lionne ont ceci de particulier qu'à la première, elle met bas cinq lionceaux, à la deuxième, quatre; à la troisième, trois; à la suivante, deux, et un seul à toutes les autres. Les lionceaux nouveaux-nés sont petits et aveugles[1], comme les petits des chiens; mais ils ne commencent à marcher qu'à l'âge de deux mois[2]. Le lion tourmenté par la faim est bien de dangereuse rencontre; cependant rassasié, il est très-doux; on prétend même qu'alors il aime à jouer. Le lion ne fuit jamais en tournant le dos; mais il recule lentement, pas-à-pas, envisageant ses adversaires et rugissant. Quand il devient vieux, il se rapproche des fermes, des cabanes et des habitations souterraines des pasteurs; et c'est bien avec raison : car il est alors dans l'impuissance d'attaquer avec avantage les bêtes fauves des montagnes.

Le feu pourtant l'épouvante. Tout lion qui a des formes plus trapues, une toison plus en désordre et la crinière plus hérissée[3], est généralement regardé comme plus lâche et plus pusillanime : le lion, au contraire, qui se distingue par sa taille élancée et par ses poils bien peignés, est réputé plus brave et plus généreux. Au reste, les animaux de toute cette espèce dévorent si gloutonnement leurs proies, qu'ils en engloutissent, dit-on, des membres entiers; et, quand ils se sont ainsi gorgés de nourriture, ils restent souvent trois jours sans manger, tems nécessaire pour élaborer et digérer cette masse d'alimens; d'un autre côté, ils boivent peu[4].

---

1 Erreur qu'Elien dément ailleurs.

2 Cuvier a prouvé le contraire.

3 Race inconnue aux modernes.

4 La soif, au contraire, est pour le lion un besoin plus impérieux que la faim.

Le Lion dort d'un sommeil peu profond.—Il met en réserve le reste de sa proie, et cependant n'y revient que quand il n'a rien trouvé.—Comment il se conduit lorsqu'on l'attaque.—Il s'apprivoise assez facilement. V. 39.

Des naturalistes ont observé que même, pendant son sommeil, le lion remue la queue; cela sans doute pour montrer qu'il n'est pas tout-à-fait immobile et que le sommeil ne s'empare pas de lui, comme du reste des animaux, en enveloppant et en enchaînant tous ses organes. Les Egyptiens se glorifiant d'avoir fait cette observation, disent que le lion est plus puissant que le sommeil, puisqu'il veille toujours. J'ai appris que c'était pour cela qu'ils avaient consacré cet animal au soleil [1]; car le soleil est aussi, selon eux, le plus diligent des dieux, lui qui ne prend aucun repos, soit qu'il éclaire de ses regards l'hémisphère supérieur, soit qu'il parcoure sa carrière sur l'inférieur. Les Égyptiens d'ailleurs s'appuient en cela du témoignage d'Homère qui donne au soleil l'épithète d'infatigable.

Le lion tire parti de sa force, mais avec prudence. En effet, il tend des embûches aux bœufs, en rôdant pendant la nuit, autour des étables.

Homère, dans ses chants, consacre ce fait.

Le lion les terrifie tous par sa puissance; mais, après en avoir emporté un seul, il le dévore.

Ce trait encore est cité par le même poète.

Lorsque le lion est repu jusqu'à satiété, il veut bien réserver de sa proie pour une autre fois : mais la pudeur l'empêche de se tenir près de ce qu'il laisse, pour le garder, comme s'il redoutait la faim par pénurie de nourriture. C'est pourquoi, ouvrant sa grande gueule, il pénètre bien de son haleine les reliefs de son repas,

[1] Les Egyptiens l'ont placé dans le Zodiaque.

confie à son odeur la garde qu'il dédaigne, et c'est ainsi qu'il s'affranchit de ce soin. Quand les autres animaux s'approchent du dépôt et qu'ils sentent à qui appartiennent ces restes, ils n'osent y toucher, et s'en éloignent craignant de paraître dérober ou diminuer la proie de leur roi. Lui survient-il une chasse heureuse et une autre proie abondante, l'oubli de la première s'empare de lui; il la dédaigne, comme étant gâtée et l'abandonne; si, au contraire, il n'a rien pris, il retourne à la première comme à sa réserve domestique.

Le lion, certes, est juste, et d'une nature telle qu'il ne se venge de l'homme qu'après en avoir été maltraité le premier. Il résiste donc à toute aggression; alors, agitant sa queue, la tournant sur ses flancs et s'en servant, comme d'un aiguillon excitateur, il s'anime au combat. Pour tirer vengeance d'un coup qui lui aurait été porté, sans pourtant l'avoir atteint, il effraie bien son ennemi; mais il ne lui fait pas de blessure [1]. Quand on l'apprivoise, dès l'âge le plus tendre, il est très-docile, très-doux et d'un abord gracieux; il aime aussi à badiner et se prête très-volontiers à tout ce qui peut être agréable a son nourricier. Annon [2] avait un lion qui lui servait de porte-bagages. Bérénice [3] avait pour compagnon inséparable un lion apprivoisé qui lui rendait le même office que ses coiffeurs. En effet, il lavait avec sa langue le visage de la reine, en effaçait les rides, en le léchant, et mangeait à sa table avec tempérance, bonne tenue et comme un convive ordinaire. Onomarque, tyran de Catane, ainsi que le fils de Cléomène [4], avaient aussi des lions pour commensaux.

---

1 Détails rien moins que vraisemblables.

2 Général Carthaginois.

3 Reine de Palestine.

4 On ignore lequel : trois rois de Sparte, le fondateur

Vengeance exercée par un Lion sur un Ours qui avait déchiré un Chien, leur compagnon commun. IV. 45.

Eudème fait un récit digne d'étonner ; je l'emprunte à cet écrivain. Un jeune chasseur d'un naturel à vivre très-bien avec les animaux les plus sauvages, avait élevé tout petits et dès l'âge le plus tendre un ours, un chien un lion auxquels il avait rendu la vie et la nourriture communes. D'après Eudème, ces animaux avec le tems vécurent en paix, et ressentirent l'un pour l'autre une franche amitié. Un jour pourtant il arriva que le chien jouait avec l'ours, le caressait et le mordait par badinage, lorsque soudain l'ours, dépouillant l'habitude, revient à sa nature féroce, s'élance sur le chien, ouvre avec ses griffes les flancs de son malheureux ami et le met en pièces. Le lion, dit encore le même auteur, fut indigné de ce trait. L'ours par son mépris pour la foi des traités et pour les droits de l'amitié, encourait toute sa haine; le chien, au contraire, en bon camarade, avait tous ses regrets. Le lion entre donc dans une juste fureur contre l'assassin et lui inflige son châtiment, en faisant subir au parjure le même supplice qu'avait éprouvé de sa part le chien. Homère dit bien :

Il est bon qu'un enfant survive à son père, pour venger sa mort.

Mais la nature paraît montrer, cher Homère, que tout homme qui lègue à un ami le soin de sa vengeance, le fait par égoïsme ; tel est le principe que nous puisons dans l'étude de Zénon et de Cléanthe [1], si nous sommes bien informés [2].

---

d'Alexandrie par ordre d'Alexandre et l'auteur de la Vénus de Médicis portèrent ce nom.

1 Disciple et successeur de Zénon, père de la doctrine des égoïstes.

2 Ici l'auteur fait allusion à quelque fait inconnu.

VII LA PANTHÈRE.

(*Même ordre.—Même famille.*)

Ruse qu'elle emploie pour prendre les Singes. V. 54.

Dans la Mauritanie, les panthères n'attaquent pas les singes de vive force, ni selon la puissance et la vigueur qui les distinguent. La cause en est que les singes ne leur opposent nulle résistance; ils les fuient, au contraire, s'élancent sur les arbres et s'y posent, préservés ainsi de toute attaque des panthères. Mais cet animal se montre, certes, ici plus rusé que les singes; car voici les piéges qu'il invente et trame pour les atteindre.

La Panthère va dans les cantons où les singes habitent en foule; elle se jette au pied d'un arbre, se tient renversée, gisante sur le sol, se gonfle bien le ventre, rend ses jambes flasques et languissantes, ferme les yeux, retient et comprime sa respiration, reste enfin étendue, comme un cadavre. Les singes, qui observent d'en haut leur plus mortelle ennemie, s'imaginent qu'elle est morte et se persuadent aisément ce qu'ils souhaitent le plus. Néanmoins, sans se fier encore à cette apparence, ils ont recours à une épreuve qui aussitôt est tentée. Ils envoient celui d'entr'eux qu'ils regardent comme plus intrépide, afin d'examiner et de bien observer le mal de la panthère. Le héros descend donc, sans être encore très-rassuré; cependant il court vers elle; mais soudain, arrêté par la peur, il retourne sur ses pas. Il descend de nouveau, s'approche davantage, puis rétrograde[1]. Mais il revient encore, épie bien les yeux de la panthère, et cherche à s'assurer

1 Qui ne reconnaît ici l'idée première de la Fable *du Chat et du vieux Rat?*

si la respiration, si le moindre souffle se fait sentir à son museau.

La panthère, de son côté, immobile et toujours maîtresse d'elle-même, inspire peu-à-peu à ce singe de la hardiesse. Alors, voyant qu'après s'être aventuré jusqu'à elle et s'être tenu tout auprès, leur compagnon n'en a pas éprouvé de mal, les singes posés sur les branches reprennent courage, descendent de l'arbre qui ombrage cette scène, et de tous ceux qui l'entourent dans le voisinage, accourent en foule de toutes parts et se mettent à danser autour de leur ennemie : bien plus, sautant et marchant sur elle, ils font des culbutes, et se livrent par dérision à une certaine danse particulière aux singes : enfin, après l'avoir abreuvée d'outrages multipliés et divers, ils témoignent la joie et le plaisir qu'ils éprouvent de cette mort quasi-réelle.

Cependant elle endure tout ; mais, dès qu'elle sent que les singes se fatiguent de danser sur elle et de l'outrager, bondissant tout-à-coup et fondant sur eux, elle les déchire de ses griffes, les met en pièces de ses dents, et de la chair de ses ennemis se procure un festin splendide et très-copieux.

La panthère a de la patience et du courage : la nature l'a douée, en outre, de ce noble empire sur elle-même qui lui fait supporter avec la plus grande fermeté tous les outrages de ses ennemis jusqu'à l'instant de sa vengeance. Aussi, n'a-t-elle pas besoin de se dire :

Souffre avec courage [1].

Le fils de Laërte pourtant faillit se trahir avant le temps, parce qu'il ne put supporter un affront de la part des domestiques.

---

1 Hom., *Odys.*, XX, 18.

VIII. LE PORC-ÉPIC.

(*Rongeur omnivore.*)

Moyens de défense dont il a été pourvu par la Nature. I, 31.

Les ours, les loups, les léopards et les lions puisent de l'audace dans leurs ongles aigus et leurs dents tranchantes[1] : mais, quoique le porc-épic ne soit muni ni d'ongles, ni de dents, j'apprends que la nature ne l'a pas laissé dépourvu d'armes défensives. Hérissant, en effet, les piquans de la partie supérieure de son dos, il les envoie tels que des traits contre ceux qui attaquent sa vie ; souvent même il les lance[2] avec justesse, et ces piquans partent avec force, comme chassés par une corde tendue.

IX. LE LIÈVRE.

(*Rongeur herbivore.*)

Il connaît le temps et le vent.—Sa manière de dormir.—Ses courses nocturnes.—Son amour pour son gîte. XIII. 13.

Le lièvre connaît très-bien le temps et le vent. Il a de l'instinct ; et, du reste, n'est pas dépourvu d'agrémens. Or, en hyver, il établit son gîte, dans les lieux exposés au soleil. Il est ainsi bien évident que la chaleur lui fait plaisir et qu'il a horreur de la glace. En été, au contraire, par désir pour la fraîcheur, il tourne son gîte au nord. Ses narines lui indiquent les changemens de temps. De plus, le lièvre ne ferme pas les yeux en dormant ; il est le seul des animaux qui jouisse de la faveur d'avoir des

---

1 Anacréon, *Od.* II, fait cette énumération : « La nature a donné des cornes aux taureaux, des sabots aux chevaux, des pieds légers aux lièvres, des dents dévorantes aux lions.....»

2 Erreur.

paupières invincibles[1] pour le sommeil. Or, on prétend que, pendant que le sommeil enchaîne tout le reste de son corps, ses yeux ne cessent pas de voir. Ces détails que j'écris m'ont été racontés par d'habiles chasseurs.

Les lièvres vont à la pâture pendant la nuit et au loin : peut-être est-ce par désir d'une nourriture étrangère ? Quant à moi, il me semble que c'est dans un but d'exercice, afin que même la nuit, aux dépens du sommeil qu'il chasse, il acquière par ses efforts une vîtesse plus grande[2]. Mais il aime passionnément à reprendre le chemin de retour, et il est dominé par le charme de son séjour habituel. Enfin, ce qui le plus souvent le fait prendre, c'est qu'il ne peut se résoudre à abandonner son gîte familier.

Instinct que montre le Lièvre quand il est poursuivi. XIII. 14.

Poursuivi par les chiens et les chevaux, le lièvre de la plaine déploie dans sa fuite une course plus rapide que celui des montagnes : il est, à la vérité, plus petit et plus mince ; et, d'après cela, il est bien vraisemblable qu'il excelle en vîtesse. En conséquence, le lièvre d'abord s'élance par bonds et par sauts en fuyant; puis il s'esquive sans peine, en se glissant dans les buissons touffus et dans les marécages. Si encore il arrive dans un canton où l'herbe soit haute et épaisse, il s'échappe aisément à travers.

De même que la queue des lions leur sert, dit-on, à s'animer et à s'exciter, de même les oreilles signalent la vigueur du lièvre et le stimulent dans sa course. Le lièvre les renverse donc le long de son dos et s'en sert comme d'aiguillons, pour ne pas ralentir sa course, ni s'exposer au retard. Néanmoins, il ne tient pas une course unique et directe, mais il l'incline çà et

---

1 Erreur. Ses paupières d'ailleurs ne restent ouvertes que par conformation.

2 Supposition gratuite, comme tant d'autres chez Elien.

là, et l'étend de côté et d'autre, dispersant les chiens et les trompant. A-t-il l'intention de quitter sa route, l'une de ses oreilles se penche dans la direction nouvelle où il va s'élancer et devient en quelque sorte, le gouvernail[1] de sa course.

Quand ils sont sur le point d'être pris, ils se détournent alors peu-à-peu de la plaine, et se dirigent ensuite vers les hauteurs et les cantons montagneux, se hâtant d'atteindre les terriers qu'ils se sont creusés. Par cet expédient, ils gagnent du terrain, échappent aux chiens et trouvent enfin un salut inespéré : car les chemins des montagnes sont naturellement funestes aux chevaux et aux chiens ; leurs jambes s'y fatiguent, s'y brisent, s'y usent. Mais les chiens surtout éprouvent le plus de souffrance. En effet, leurs pattes sont charnues, et n'ont rien de dur pour résister à la pierre, comme les chevaux qui ont un sabot. Le lièvre, au contraire, a reçu de la nature des pieds velus[2], et supporte avec patience les courses dans les chemins rocailleux.

Les lièvres courent, il est vrai, avec aisance dans les pays montueux et escarpés, mais c'est qu'ils ont les jambes de derrière plus longues que celles de devant. Il n'en est pas de même pourtant, quand il s'agit pour eux de descendre, parce que leurs jambes de devant, trop courtes alors, les incommodent.

Ennemis du Lièvre. XIII. 11.

Les pièges du chasseur non seulement, sont à craindre pour le lièvre, mais encore la poursuite du renard. Il ne redoute pas moins les attaques des oiseaux de proie et surtout le cri des corbeaux et des aigles ; ces ennemis ailés ne lui laissent, en effet, ni paix, ni trêves[3]. Il se ta-

---

1 Buffon a traduit cette figure.

2 Buffon a aussi consigné ce détail descriptif.

3 D'où les anciens ont dit en proverbe : *vivre la vie du lièvre.*

pit donc sous un buisson touffu, ou dans une moisson épaisse ; ou même, pressé par la nécessité, il se couvre de tout autre rempart naturel très-peu sûr.

X. L'ÉLÉPHANT.

(*Pachyderme Proboscidien.*)

Ses caractères et ses habitudes. IV. 31.

L'ÉLÉPHANT, disent les uns, porte des défenses menaçantes; les autres prétendent que ce sont des cornes. A chaque pied, il a cinq doigts qui ne paraissent pas séparés, ou qui le sont très-peu ; c'est pour cela qu'il n'est nullement nageur [1]. Il a les jambes de devant plus longues [2] que celles de derrière. Ses mamelles sont placées sous les aisselles. Il a une trompe qui lui est plus utile qu'une main ; sa langue est petite. On prétend qu'en lui le vésicule du fiel n'est pas situé près du foie, mais dans le ventre. J'ai appris que la portée des éléphans est de deux ans ; d'autres ne lui accordent pas autant de temps, mais seulement un an et demi [3]. La femelle donne le jour à un petit de la grosseur d'un veau d'un an ; ce petit tette aussitôt, avec sa bouche. Exalté par l'amour et enflammé d'une passion furieuse, rencontre-t-il une muraille, il la renverse ; il fait aussi plier des palmiers : tout cela, en heurtant de son front à la manière des béliers. Il ne boit pas l'eau limpide et pure, mais après l'avoir rendue trouble et limoneuse. Il dort debout ; car il lui serait pénible de se coucher aussi bien que de se relever [4]. La fleur de l'âge pour l'éléphant est soixante ans. Il supporte avec peine l'hiver et ses frimats. Sa vie se prolonge jusqu'à 200 ans.

1 Strabon et de nos jours Cuvier a réfuté cette erreur.

2 Mais en apparence.

3 Vingt mois, fait certain.

4 Seulement dans sa vieillesse.

Appétit de l'Éléphant.— Sa nourriture et sa boisson. XVII. 7.

Aristote, livre huitième des Animaux, dit que les éléphans mangent jusqu'à neuf médimnes de Macédoine d'orge, outre cela six médimnes de farine, et même sept si vous les lui donnez, ainsi que du fourrage en herbe et de tendres feuillages. Le même naturaliste dit qu'ils boivent quatorze mètres macédoniens d'eau et que jusqu'au soir ils en boivent encore huit [1].

Respect des Éléphans pour les plus vieux. VI. 61.

La plus philantropique des lois établies par Lycurgue, est, selon mon opinion, celle qui ordonne aux plus jeunes citoyens de céder le siége et le pas aux plus âgés, cela, par respect, envers un âge que tous les hommes souhaitent d'atteindre, si toutefois telle est la volonté du destin. Comment le noble fils d'Eunome [2] pourrait-il contrarier et combattre les lois de la nature?

O Licurgue, Solon, Zaleucus [3] et Charondas [4], les éléphans sentent et observent les mêmes devoirs que vous rendez obligatoires par l'empire des lois. Les jeunes éléphans s'abstiennent de nourriture pour leurs aînés, environnent de soins ceux qui sont affaiblis par l'âge, les sauvent du danger et les tirent hors des fosses où ils sont tombés. Pour cela, ils jettent dans le trou des faisceaux de bois secs et des sarmens, à l'aide desquels leurs frères appesantis par la vieillesse remontent sur le sol, en s'en servant comme d'échelles. Mais, si je voulais ici écrire toute la vérité, il vous semblerait, ô hommes,

1 Un de ces derniers animaux à la ménagerie royale mangeait, dit Buffon, 80 liv. de pain, 2 seaux de potage au pain et au riz alternativement et buvait 12 pintes de vin.

2 Père de Lycurgue.

3 Législateur de Locres.

4 Législateur de Catane, de Rhèges et de Thurium.

que je ne vous raconterais que des fables, à vous fabricateurs et inventeurs de contes absurdes et incroyables.

Docilité de l'Éléphant. II. 11.

Ici, je dois discourir sur l'instinct musical des éléphans, sur leur docilité et sur leur facilité à acquérir des talens que l'homme n'apprend qu'avec peine, bien loin qu'ils soient innés dans une bête monstrueuse et même aussi sauvage. En effet, un éléphant instruit, sait danser en chœur et même seul, ainsi que marcher en mesure. Son oreille, sensible à la mélodie de la flûte, apprécie la différence des sons : quand la mesure se ralentit, ou qu'elle force à presser le pas, il l'observe avec justesse sévère, et ne se trompe point. Ainsi, la nature lui a départi non seulement une taille énorme, mais encore a rendu son instruction et sa conduite très-faciles.

Si je me mettais à décrire la docilité et l'aptitude à s'instruire de l'éléphant dans l'Inde ou dans la Lybie, peut-être paraîtrais-je prôner des fables de mon invention, et débiter des mensonges, pour célébrer la nature supérieure de cet animal : et ce serait là une manœuvre indigne d'un philosophe enflammé de l'amour de la vérité. Pour moi, je suis résolu de ne raconter que ce que j'ai vu ainsi que tous les faits arrivés à Rome, et que d'autres écrivains ont rapportés avant moi. Je glane ainsi dans une foule d'auteurs un petit nombre d'observations qui me servent à peindre fidèlement le naturel individuel de chaque animal. Or, l'éléphant privé est le plus doux des animaux ; on le dresse aisément à tout ce qu'on veut. Mais, plein de respect pour l'ordre chronologique, je rapporterai d'abord les faits les plus anciens.

Éléphans donnés en spectacle aux Romains. *Même chap.*

[1] A l'époque où Germanicus César[2], neveu de Tibère,

---

1 Cette relation est d'un ridicule outré, mais bien bizarre. Quel goût aveugle du grandiose, que de s'ébahir des grâces et des gentillesses de l'éléphant formé à un tel manége.

2 Plin. VIII. 2.

donna un spectacle aux Romains, il se trouvait à Rome plusieurs éléphants des deux sexes parvenus au terme de leur croissance, et qui furent, dans la suite, la souche de ces animaux indigènes.

Quand les membres des jeunes éléphans commençaient à acquérir de la vigueur, un homme habile à se mettre en rapport avec ces bêtes monstrueuses, se chargeait de les élever, après s'en être rendu maître à l'aide du merveilleux et de la terreur. Il les approchait d'abord d'un air calme, en ajoutant avec aisance à ses enseignemens certains appats, tels que des mets délicieux et variés les plus propres à les attirer et à les séduire : ces moyens tendaient à chasser de leur nature ce qu'il pourrait y avoir de farouche, puis à leur faire prendre d'eux-mêmes un esprit de douceur et en quelque sorte d'humanité. L'objet des leçons était de les habituer à ne pas s'irriter aux accens de la flûte, à ne pas s'effrayer du fracas du tambour, à être charmés par les airs du chalumeau, et même à supporter avec patience les sons discordans, le bruit des pieds de ceux qui entrent et les chants confus. On les exerçait encore à ne pas craindre la vue d'une multitude de personnes. Mais le but de cette éducation tout humaine était de les amener à ne pas entrer en courroux, quand ils se sentiraient frappés, et même, quand ils seraient forcés de fléchir un membre ou de le faire tourner pour sauter et danser avec élégance, à souffrir sans colère d'y être incités, malgré le sentiment de leur force et de leur puissance. Quelle preuve frappante, chez une brute, d'une nature noble et généreuse, que de ne se montrer ni rebelle, ni inepte à l'éducation des hommes.

Lorsqu'enfin le maître produisait sur le théâtre ses élèves, des éléphans très-habiles, ceux-ci répétaient fidèlement tout ce qu'il leur avait appris, sans faire rien avorter du fruit de ses peines pour leur instruction : le devoir et la circonstance les invitaient d'ailleurs à mettre au grand jour leurs talens.

Le chœur était de douze éléphans ; ils se présentaient sur le théâtre, répartis de chaque côté, entraient en scène à pas lents et en donnant à tous leurs corps une allure de mollesse : la robe de danse ornée de fleurs composait leur parure. A la voix seule du directeur de la danse, ils marchaient en rang, si tel était l'ordre du maître ; ensuite à un autre signal ils exécutaient une ronde. Fallait-il après cela se déployer, ils le faisaient. Enfin, tantôt semant la scène de fleurs, ils en ornaient le parquet et s'en acquittaient avec mesure et économie ; tantôt, exécutant avec ensemble et harmonie des pas de danse, ils frappaient du pied avec bruit.

Or, que Damon[1], Spintharus[2], Aristoxène[3], Xénophile[4], Philoxène[5] et d'autres artistes aient composé de fort beaux morceaux de musique, qu'ils aient fait preuve d'un talent très-rare, voilà, certes, qui est admirable ; mais en cela rien d'incroyable, ni d'extraordinaire : car l'homme est un animal doué de raison et capable d'intelligence et de réflexion. Mais une brute concevoir le rithme et l'harmonie, conserver un air, une allure, ne pas s'écarter de la mesure élégante de la danse, et répéter tout ce qu'on lui a montré : voilà, certes, des bienfaits de la nature et une capacité individuelle très-surprenante.

---

1 Musicien célèbre qui eut pour élèves Socrate et Périclès.

2 Autre musicien de Tarente.

3 Fils du précédent, auteur des *élémens harmoniques*, traité de musique le plus ancien.

4 De Chalcis, pythagoricien. Valère-Maxime le cite au Ch. des vieillesses mémorables. Il vécut 105 ans.

5 De Sicile, musicien et poète persécuté par Denys dont il flagella opiniâtrément la muse.

On a ainsi écrit sur la nature de ces animaux une foule d'autres détails savans et admirables. Quant à moi, j'en ai vu qui avec leurs trompes écrivaient sur un tableau des caractères romains correctement et dans leur ordre[1]. Cependant à leur aide venait la main du maître qui traçait le dessin des lettres jusqu'à ce que ces animaux eussent copié. Les éléphans alors le regardaient avec une attention telle qu'on aurait dit que leurs regards intelligens connaissaient l'art de l'écriture.

Attachement d'un Éléphant pour son maître. III. 46.

Un Indien, qui dressait des éléphans, rencontra un jour un petit éléphant blanc[2]; il l'emmène avec lui, l'élève encore tout jeune, l'apprivoise en peu de tems, puis en fait sa monture. Dès-lors une amitié vive et mutuelle s'établit entr'eux par l'échange des services. L'éléphant portait l'Indien pour prix de la nourriture qu'il en recevait.

Le roi de l'Inde, en étant informé, mande qu'on saisisse l'éléphant : mais tel qu'un amant, l'Indien enflammé de jalousie, et tout désolé de l'idée qu'un autre que lui posséderait bientôt son éléphant chéri, refuse de le livrer, monte sur la bête et se réfugie dans le désert. Le roi s'indigne, et envoie sur ses traces des satellites chargés de ravir l'éléphant et d'amener en même tems l'Indien lui-même, pour qu'il subisse sa condamnation. Dès que les gardes ont atteint le coupable, ils tentent l'enlèvement par la violence; et le cornac de leur lancer des traits de dessus l'éléphant, qui lui-même défend son maître, victime d'un injuste arbitraire. Tel est le commencement de la lutte.

---

1 Pline, d'après Mucien, exagère à ce sujet. Trad. d'Ajasson de Grandsagne, t. VI, 227.

2 Cet éléphant rare est affecté d'une décoloration nommée *albinisme*. Les Indiens se les disputaient par les armes.

Enfin, l'Indien atteint d'une blessure, tombe précipité. Alors l'éléphant, semblable à ceux qui font à l'amitié un rempart de leurs armes, couvre de son corps son nourricier, tue une foule d'assaillans et met en fuite le reste. Ensuite, entourant de sa trompe l'Indien, il l'enlève, le transporte dans leur tente, reste comme un ami fidèle, près de son ami et lui témoigne sa vive affection.

Oh! hommes pervers, vous passez vos jours dans les festins et au milieu du bruissement culinaire [1], vous foulez aux pieds dans vos danses ce qu'il y a de plus sacré; mais le danger ne trouve en vous que des traîtres, et il ne résulte qu'un vain son du nom de l'amitié que vous prononcez avec tant d'emphase.

Chasse aux Éléphans. VIII. 10.

Il est difficile et rare de cacher les pièges aux éléphans. En effet, lorsqu'ils arrivent tout près de la fosse que les chasseurs ont coutume de creuser sur leur chemin [2], soit par certaine pénétration naturelle, soit, j'en atteste Jupiter! par un don secret de divination, ils s'arrêtent, et n'avancent pas plus loin : mais alors rebroussant chemin, ils marchent avec beaucoup de courage comme au combat, s'efforcent d'anéantir les chasseurs et de chercher leur salut dans la fuite, dès qu'après s'être précipités au milieu de leurs adversaires, ils en seront restés vainqueurs. Dans l'intervalle de la lutte acharnée qui s'engage, il se fait un carnage et d'hommes et d'éléphants; voici la description de ce combat.

Les chasseurs leur lancent de loin de fortes javelines et des dards dont ils les frappent avec justesse. Les éléphans, de leur côté, saisissent le chasseur qui se trouve à leur rencontre, le heurtent contre terre, le

---

1 Expressions empruntées au vieux poète comique Eupolis.

2 Tactique encore en usage chez les Nègres.

foulent aux pieds, le percent de leurs défenses et accumulent sur lui toutes les douleurs d'une mort horrible. Ces animaux, lors de l'attaque, portent dans leur courroux les oreilles tendues, comme des voiles, imitant les gigantesques autruches, qui déploient leurs ailes et dans la fuite, et dans l'aggression. Or, les éléphans, après avoir recourbé leur trompe et l'avoir repliée[1] sous leurs défenses, tels qu'un navire à éperon voguant à pleines voiles, fondent sur les chasseurs avec l'impétuosité la plus violente, et poussant des cris éclatans et aigus semblables à ceux de la trompette, ils en terrassent un grand nombre.

Les clameurs affreuses des vaincus foulés aux pieds, de ceux qui ont les genoux fracassés ou les os broyés retentissent au loin dans la campagne. Mais tels sont les échecs des visages : les chasseurs, les yeux tirés, les narines brisées, le front entr'ouvert perdent les traits de la figure et deviennent souvent méconnaissables même pour leurs parens les plus proches. Quelques-uns pourtant doivent leur salut à ce hasard singulier.

Le chasseur est sans doute atteint par l'éléphant ; mais aussi il arrive parfois que dans son élan, la bête monstrueuse passe sur son corps, tombe à terre sur ses genoux, et qu'en tombant ses défenses s'enfoncent dans un buisson, une racine ou tel autre obstacle : alors il est arrêté, et c'est même avec peine qu'il se retire et s'arrache de cet embarras. Pendant ce tems là, le chasseur s'échappe et se met hors de danger. Souvent donc les éléphans sont vainqueurs dans ce combat, souvent aussi ils sont victimes des terreurs diverses que leur causent les chasseurs de l'embuscade qui les recèle.

En effet, ces derniers sonnent de la trompette et par

---

[1] Il peut la replier jusque dans son gosier.

un choc de lances contre des boucliers produisent un bruit et un fracas retentissant. Ils allument aussi sur la terre de grands feux qu'ils élèvent dans l'air comme un météore, ou qu'ils font rouler comme une fronde. Ils lancent des tisons brûlans et même dardent avec violence dans les yeux des éléphans de longues perches tout enflammées. Ces animaux en sont épouvantés ; leur vue en est blessée ; et ils ont recours à la retraite. Il en résulte ainsi que, malgré l'avantage de la victoire, les éléphans tombent quelquefois dans la fosse qu'ils venaient d'éviter.

XI. LE RHINOCÉROS.

(*Pachyderme proprement dit.*)

Combat entre cet animal et l'éléphant. XVII. 44.

Il est superflu de décrire la figure du rhinocéros ; car elle est connue d'une foule de Grecs et de Romains qui ont vu cet animal : mais il n'est pas futile de raconter les traits caractéristiques de sa vie.

Le rhinocéros porte à l'extrémité de son museau une corne[1] ; de là son nom. Le bout de cette arme est très-aigu ; elle égale le fer en solidité. Il aiguise sa corne, en la frottant contre les roches, lorsqu'il va se mesurer avec l'éléphant. Il est, du reste, incapable de tenir tête à ce dernier, tant sont grandes la taille et la vigueur de l'éléphant. Son unique ressource est donc de se précipiter entre les jambes de son ennemi, de lui percer et de lui fendre le ventre avec sa corne ; le sang s'écoule, et en un instant l'éléphant succombe. La cause de cette lutte entre l'éléphant et le rhinocéros est la possession d'un pâturage. Il arrive même souvent de rencontrer des éléphans tués de cette ma-

1 Il en est aussi à deux cornes.

nière. Mais, si, dans sa charge, le rhinocéros n'a pu prévenir son adversaire; si, au contraire, en cherchant où se glisser, il se trouve pressé lui-même par l'éléphant, celui-ci l'embrasse de sa trompe, le terrasse, l'entraîne à soi, puis se jetant sur lui avec ses défenses, il le met en pièces comme avec une hache. Le rhinocéros a un cuir épais et tout-à-fait impénétrable aux traits; néanmoins, l'éléphant, dans son élan impétueux, le transperce sans peine.

XII. Le cheval.

(*Pachyderme solipède.*)

Mémoire du Cheval. VI. 10.

Les animaux se souviennent de ce qu'ils éprouvent et n'ont besoin, pour acquérir cette mémoire, ni de l'art de Simonide [1], ni des leçons d'Hippias [2], ni de celles de Théodecte [3] ou de tout autre prôneur de mnémonique. Le cheval, par exemple, entend-il le bruissement des anneaux et le bruit du frein; aperçoit-il les ornemens qui doivent couvrir sa tête et son poitrail: alors il frémit, bondit, fait sonner ses sabots, et la joie l'exalte. Au cri des palfreniers, il s'éveille, dresse ses oreilles et enfle ses naseaux, dominé par le souvenir de la course et par l'attrait irrésistible de son goût naturel.

On le dresse pour les combats. XVI. 23.

Je vais ici tracer les particularités du cheval. Les Perses accoutument leurs coursiers aux éclats et aux retentissemens de l'airain, pour les aguerrir contre l'effroi. Ils sonnent aussi de la trompette à leurs oreilles, afin qu'à la guerre toutefois ils ne soient effarouchés, ni du bruit

---

1 Poète lyrique qui, selon Quintilien, a le premier enseigné la mnémonique.

2 Hippias d'Elide, Rhéteur cité par Quintilien, III, 8.

3 Théodecte, autre Rhéteur.

des armures, ni du fracas des épées contre les boucliers. Ils jettent encore devant leurs pas des simulacres de cadavres remplis de paille, dans le but de les habituer, au sein des combats, à fouler aux pieds les hommes tués; tellement que désormais, n'étant plus terrifiés à l'aspect des scèn[illegible] plus horribles, ils puissent seconder dans leur dev[illegible] soldats pesamment armés.

Ces faits n'avaient pas échappé à Homère, comme il le montre dans ses vers. Nous connaissons, en effet, dès l'enfance, dans l'Illiade, le meurtre du Thrace Rhésus et de ses compagnons. Mais en voici le récit.

Le fils de Tydée[1] égorge les Thraces[2], tandis que le fils de Laërte[3] entraîne les cadavres loin des pieds des chevaux, de peur que les coursiers thraces nouvellement arrivés ne viennent à s'épouvanter en se voyant au milieu de corps morts, et qu'inaccoutumés à cette épouvantable vue, ils ne s'emportent dans le trajet.

Ce que les chevaux ont une fois appris, il n'y a pas de danger qu'ils l'oublient, tant ils sont aptes à retenir tout enseignement utile.

Sensibilité musicale des Chevaux. XVI. 23.

Le caractère naturel du cheval est la docilité; le trait suivant le prouve. La renommée m'apprend qu'en Italie les Sybarites étaient excessivement adonnés à la sensualité, que leur esprit ne possédait ni science, ni industrie, et que toute leur vie se passait à languir dans la paresse et le luxe. Comme il serait trop long de raconter avec tous ses détails l'existence des habitans de Sybaris, ce fait unique attestera assez leur luxure prodigieuse.

Leurs chevaux étaient dressés à sauter[4] en cadence, au

---

1 Diomède.

2 Les soldats de Rhésus, auxiliaire de Priam.

3 Ulysse.

4 Fait attesté par Athénée, par Eustathe et par Pline.

son de la flûte, pendant le tems des festins. Les Crotoniates [1], instruits de cette singularité, dans la guerre qu'ils entreprirent contre ces peuples, firent taire les trompettes et tout son retentissant propre à exciter au combat: au lieu de cela, ils prirent avec eux des flûtes et des joueurs de cet instrument. Alors, au moment où ils en vinrent aux mains et où déjà ils étaient à portée de traits, ils donnèrent ordre d'exécuter une musique dansante. Dès que les coursiers sybarites entendent cette mesure, elle leur rappelle leurs danses domestiques; en sorte que croyant être au milieu des festins, ils se débarrassent de leurs cavaliers, bondissent et terminent la guerre par une danse.

Amour de la Jument pour son poulain. VI. 48.

La jument est une mère excellente; elle garde un souvenir durable de son poulain. Ce fait dont le dernier des Darius [2] avait connaissance lui inspira la précaution d'emmener, après son part, dans les combats, une jument [3] que l'on arracha à son nourrisson délaissé. Or, les poulains privés de leurs mères se nourrissent d'un lait étranger aussi bien que les hommes. En conséquence, lorsque la fortune, à la bataille d'Issus, commença à forcer les Perses à la retraite, et que Darius fut défait, ce prince monta une semblable jument, dans la nécessité où il était d'une fuite et d'un salut très-prompts. Alors cette jument, dominée par le souvenir de son poulain, si l'on en croit la renommée, arracha le monarque aux dangers les plus pressans avec toute la vitesse de ses pieds.

---

1 Crotone, Sybaris, Métaponte, villes de la grande-Grèce dont il ne reste que des ruines.

2 Darius Codoman, 12me et dernier roi de Perse.

3 Fait attesté par Arrien, expéd. d'Alexandre, liv. 2, et dans Plutarque. Ch. 33.

XIII. L'ANE.

(*Même ordre. Même famille.*)

Opinion des Égyptiens et des disciples de Pythagore au sujet de cet animal.—Sa stupidité et sa stérilité. X. 28.

Les Busirites [1], les Abydiens d'Egypte [2] et les Lycopolites [3] ont eu horreur le son de la trompette; ils en donnent pour raison que ce son ressemble assez au braiement de l'âne. Or, tous les peuples qui rendent un culte à Sérapis, détestent l'âne. Cependant Ochus Persès [4], instruit de cette haine, fit tuer Apis, et déifia l'âne, dans l'intention d'affliger au dernier degré les Égyptiens. Mais il expia son crime envers le bœuf sacré par un châtiment bien mérité [5] et nullement moindre que celui de Cambyse [6], qui le premier eut l'audace de commettre un tel sacrilège. Les Pythagoriciens, dans leurs leçons sur l'âne et les autres animaux, prétendent que l'âne seul n'est pas né pour l'harmonie, et que c'est pour cette raison que cet animal résiste aux accens de la lyre. On dit aussi qu'à ces causes de haine précédentes dont l'âne est l'objet vient se joindre celle-ci : Toute vertu prolifique étant honorée, cet animal, qui n'est nullement fé-

---

1 Habitans de Busiris, ville d'Égypte, appelée aujourd'hui Boussir ou Aboussir.

2 D'Abydos, autre ville d'Égypte, depuis des siècles il n'en reste que des ruines nommées *El-Babi, le temple*, à cause de son temple antique d'Osiris.

3 Ville des *loups* ou mieux des *Chacals*, une de l'Heptanomide, aujourd'hui Asiouth, chef-lieu de la Haute-Égypte.

4 Ochus, fils d'Artaxerxès-Mnémon, fameux par sa cruauté, et meurtrier de ses frères.

5 Il fut assassiné par l'eunuque Bagoas.

6 Fils de Cyrus. La Perse une fois soumise, il voulut porter la guerre à Carthage; mais son armée fut ensevelie sous les sables.

cond, est pour cela même méprisé. Il est rare, en effet, de trouver mentionné qu'une ânesse ait produit deux jumeaux.

XIV. LE MULET.

Diligence d'un vieux Mulet récompensée par les Athéniens. VI. 49.

A Athènes, selon le rapport d'Aristote, un vieux mulet libéré de toute tâche par son maître n'en persévéra pas moins de lui-même dans son amour du travail et dans son zèle volontaire, autant que le lui permettait son âge. En conséquence, lorsque les Athéniens élevaient le Parthénon [1], ce vétéran, sans rien traîner ni porter, et, comme mulet de volée, accompagnait de son plein gré pendant la route les jeunes mulets employés au transport des matériaux, les gardait, pour ainsi dire, et les encourageait au travail, dans le trajet commun; tel un ancien artisan, qui s'occupe encore volontairement quoiqu'il ait été réformé par son grand âge, anime et exhorte ses jeunes compagnons par les conseils de son expérience et de sa vieille instruction. Le peuple d'Athènes informé de cette conduite, fit ordonner par un hérault que l'occasion entraîna-t-elle ce mulet à s'approcher d'un tas de froment, où à se jeter sur de l'orge, loin de le repousser, on le laissât s'en repaître jusqu'à satiété, et que le peuple dans le Prytanée, paierait le montant de sa dépense. Ce mulet fut ainsi assimilé en quelque sorte aux athlètes déjà vieux à qui l'on accordait la nourriture aux frais du public.

---

1 Temple de Minerve, sur le promontoire de Sunium, aujourd'hui cap Colona. Il fut bâti par Périclès, coûta 5,000,000 f. de notre monnaie et existe encore presque entièrement.

XV. LE CERF.

(*Ruminant.*)

Il est sensible à la musique : on en profite pour le prendre. XII. 46.

C'est un bruit presque généralement répandu chez les Tyrrhéniens [1] que chez eux l'on prend bien les cerfs avec des rets et des chiens, d'après les règles de la chasse, mais qu'en outre la musique [2] leur est pour cela d'un grand secours. Comment cela ? c'est ce que je vais raconter.

Ils tendent, à la vérité, les toiles et autres instrumens de chasse propres à surprendre les bêtes fauves par embûches : mais, de plus, ils placent à un poste un joueur de flûte qui de là s'efforce de ralentir, autant que possible, sa mélodie, tempère par fois toute la fougue de sa muse et module tout ce que les sons de sa flûte peuvent produire de plus doux. Alors, au sein du calme et du silence, ses accords s'étendent jusqu'à la cîme des montagnes, dans le fond des vallées, dans les fourrés d'arbres; enfin l'harmonie pénètre dans tous les repaires et dans tous les gîtes des bêtes fauves. D'abord, ce son étrange, inconnu et vague, qui vient frapper leurs oreilles, les épouvante et les remplit de terreur : ensuite, le plaisir de la musique s'empare d'elles d'une manière irrésistible, absolue ; sous l'empire du charme, elles oublient famille, gîte, canton ; et pourtant les bêtes fauves n'aiment pas à s'aventurer, loin du pays qu'elles habitent

1 Peuple de la grande Grèce.

2 Quant au goût des cerfs pour la musique, il est encore attesté et par Pline et par Buffon.

et où elles vivent. C'est donc ainsi que, cédant peu-à-peu à cet attrait séducteur, le gibier des terres de Tyrrhènes arrive jusque sur cette mélodie enchanteresse et, captivé par ces doux accens, tombe dans les filets.

XVI. LA GAZELLE.

(*Même ordre.*)

Sa description. XIV. 14.

Mon imagination m'entraîne à parler maintenant de la gazelle et du chevreuil (δορκάς[1] et κεμάς). Quoique la gazelle soit très-légère à la course, elle ne peut néanmoins échapper à la poursuite des chevaux de Lybie : on la prend aussi avec des filets. Son ventre est blanc, et cette couleur lui monte jusqu'aux flancs; des deux côtés de son ventre s'étendent avec grâce des bandes noires : le reste de son corps est d'une teinte rousse-clair. Elle a les jambes longues, les yeux noirs, la tête ornée de cornes et des oreilles très-grandes.

Quant à la gazelle appelée chevreuil par les chasseurs, elle a une course aussi prompte que l'ouragan. Elle est couverte d'un poil roux tout hérissé; mais sa queue est blanche. Ses yeux ont une teinte azurée et ses oreilles garnies de poils très-épais; ses cornes élevées et tendues en avant, sont plantées avantageusement pour l'attaque, et sont ainsi en même-tems et une arme terrible et un ornement agréable à la vue. Mais ce n'est pas seulement sur terre que le chevreuil fait preuve d'une excessive agilité; car vient-il à tomber dans le courant

---

1 LE DORCAS LYBICA, très-bien décrit par Elien, dit Cuvier, est certainement la Gazelle commune, *Antilope Dorcas.*

d'un fleuve, il rame pour ainsi dire, avec ses pieds fourchus et fend le courant. Aussi aime-t-il à nager dans un lac, où il trouve de quoi paître et où il broute les plantes aquatiques toujours en fleurs, ainsi que des rameaux de cyprès.

XVII. LE BOEUF.

(*Même ordre.*)

Utilité de cet animal. II, 57.

IL est reconnu que le bœuf est d'une utilité générale. Ses services sont très-avantageux à l'homme pour le partage des travaux champêtres et pour le transport des fardeaux trop lourds. Cet animal bienfaisant fournit encore beaucoup de lait; rend pompeux le culte divin; est la gloire des réunions solennelles, et fait les frais des festins splendides. Après sa mort, le bœuf est même d'un bienfait sublime et inappréciable; en effet, de ses restes naissent les abeilles [1], insectes très-laborieux qui composent pour l'homme le meilleur et le plus suave des fruits, le miel.

Courses de Bœufs dans l'Inde : XV. 24.

Les Indiens mettent tout leur soin[2] à former des bœufs propres à la course [3]. Le roi lui-même et la foule des grands seigneurs se disputent la supériorité de vîtesse [4] de

---

1 Erreur grossière de l'antiquité dont nous sommes consolés par l'épisode d'Aristée de Virgile.

2 Autant que les Anglais pour les chevaux.

3 Il est parlé ici du bœuf à bosse dont la race a prévalu dans les pays-chauds; ils sont plus dociles et plus légers que les nôtres.

4 Il en est de même des courses de chevaux en France et en Angleterre.

ces animaux : ils parient à ces jeux des sommes considérables d'or et d'argent, et ne jugent pas honteux d'en faire une cause de querelles. Or, après avoir adjoint les bœufs à un attelage de deux chevaux de front, ils tentent la victoire. Les chevaux courent soumis au joug, les bœufs au contraire, comme des simples chevaux de volée. Alors, ceux-ci s'élancent tous deux vers le but qu'ils n'atteignent qu'après une course de trente stades. Cependant les bœufs tiennent si bien tête aux coursiers dans cette lutte qu'on ne saurait décider quel est le plus agile du bœuf ou du cheval.

Arrive-t-il que le roi fasse un pari avec quelqu'un au sujet de ses bœufs, il en vient à tel point de rivalité qu'il suit lui-même sur un char, et presse son cocher. Celui-ci, de son côté, met les chevaux en sang à coups d'aiguillon et s'abstient de toucher les bœufs ; car ils courent, sans avoir besoin d'être stimulés. Enfin la rivalité dans ces combats de bœufs est telle que ce ne sont pas les riches seuls, ni même les propriétaires de ces animaux qui se livrent à des paris très-grands, mais même les simples spectateurs : telle est, par exemple, dans Homère la lutte de cette nature entre Idoménée le Crétois et Ajax [1] le Locrien.

Il est encore dans l'Inde d'autres bœufs de la taille des boucs les plus grands : ces animaux attelés ensemble au joug, courent très-vite et ne sont pas moins agiles que les coursiers des Gètes [2].

---

1 Ajax, fils d'Oilée. *Iliad.*, liv. XXIII, 473.

2 Chevaux tartares, race très-vigoureuse.

Honneurs rendus au bœuf Apis en Égypte. XI. 10.

Les Égyptiens regardent Apis comme la divinité la plus manifeste. Les Grecs l'appellent Epaphus[1] et font remonter sa généalogie à Io l'argienne, fille d'Inachus ; mais les Égyptiens rejettent cette version, comme un mensonge, et s'appuient en cela du témoignage des époques. Ils disent, en effet, que la naissance d'Epaphus est bien postérieure à celle d'Apis, puisque le premier Apis avait fait son apparition parmi les hommes des myriades d'années auparavant. Hérodote[2] et Aristagoras[3] parlent bien des signes distinctifs d'Apis; mais les Égytiens les contredisent, en fixant leur nombre à vingt-neuf et en les prônant, comme une des beautés du bœuf sacré. D'autres historiens vous apprendront quels sont ces signes, comment ils sont disséminés sur le corps de l'animal et de quelle manière les bœufs en sont pour ainsi dire, émaillés comme de fleurs. Or, chaque insigne fait connaître par symbole que sa nature tient de celles des astres ; c'est ce que les égyptiens proclament assez. En effet, ils prétendent qu'un insigne représente la crue du Nil, un autre la forme du monde ; qu'un autre encore est un symbole visible qui fait présumer l'antériorité des ténèbres sur la lumière ; qu'un quatrième, figure le croissant de la lune, dont la forme révèle une autre moitié, et qu'enfin les autres insignes sont les emblêmes d'autres détails de la nature, hiéroglyphes inintelligibles aux yeux des profanes et de ceux qui ignorent l'histoire sacrée.

---

1 Fils de Jupiter et d'Io.

2 Historien le plus naïf des Grecs, qui vécut dans le 4e siècle après la prise de Troie.

3 Historien qui a écrit sur les Égyptiens, et qui parut après Platon.

Quand la renommée a semé le bruit qu'il est né un dieu aux Égyptiens, des scribes sacrés qui, par l'étude des documens recueillis de père en fils, d'âge en âge, ont acquis une connaissance parfaite de la signification des signes, se transportent où, dit-on, la génisse, divinité égyptienne, a mis au jour un enfant : là, d'après une tradition très-ancienne de Mercure, ils éveillent la première maison qu'éclaire le soleil à son lever, ce doit être la première demeure du dieu, si toutefois elle est assez grande pour recevoir les nourrices de son enfance ; car ce veau divin doit être quatre mois nourri au lait. Lorsqu'il a été ainsi élevé, les scribes divins et les prophètes se rendent auprès de lui, au lever de la nouvelle lune ; alors désormais chaque année ils équippent un vaisseau sacré et transportent leur divinité à Memphis où l'attendent des demeures délicieuses, des retraites agréables, des pavillons de plaisance, des jeux de courses, la poussière des athlètes, les exercices gymnastiques, un puits, une fontaine d'eau courante pour le désaltérer. Or, sa santé, disent les ministres et prêtres, se trouve très-bien de cette boisson ; l'eau du Nil selon eux, le rendrait trop gras parce qu'elle est suave et favorise le développement de l'embonpoint. Néanmoins, il serait trop long de décrire quelle pompe les Égyptiens déploient dans le cortége du dieu, quels sacrifices ils célèbrent, quelles danses ils exécutent, quels banquets et quelles réunions ont lieu, enfin comme chaque ville, chaque bourgade s'abandonne à la joie, à l'époque où ils immolent en l'honneur de la nouvelle crue du Nil et de l'apparition du dieu. Ce bœuf au sein du troupeau où il est sorti animal-dieu, paraît heureux, et l'est réellement ; il est, en effet, l'objet de l'admiration des Égyptiens. Apis, certes, rendait d'excellens oracles et cela sans avoir recours à des femmes jeunes ou vieilles assises sur certains trépieds, ni même remplies d'une liqueur sacrée : mais quelqu'un invoquait-il le dieu et voulait-il savoir ce qui l'intéressait; alors de simples enfans hors du temple, saisis d'inspiration, au milieu de leurs jeux et de leurs danses, proféraient en cadence, pour chacun, des oracles aussi vrais que celui justifié par l'évènement de Sagra [1].

XVIII. LA BALEINE.

(*Cétacé.*)

Sa grosseur monstrueuse. XVII. 6.

[Le c]rocodile devient souvent très-long. Phylarque [2] rapporte que, sous Psammétique, roi d'Égypte, on vit un crocodile de vingt-six coudées; mais que, sous Amasis [3], il en parut un de quatre palestes [4] et vingt-six coudées. Pour moi, j'apprends que dans la mer Lacédémonienne [5], il naît des baleines d'une taille monstrueuse, et quelques critiques prétendent que c'est pour cela qu'Homère a qualifié Lacédémone de (κητώεσσαν) *remplie de baleines*. On vante la grandeur des baleines que produisent les environs de Cythère [6]. Or, il paraît qu'on tire un parti avantageux des nerfs de ces animaux pour des cordes de harpes et d'autres instrumens; ces nerfs paraissent en-

1 Oracle sans fondement.

2 Écrivain grec qui vécut sous Ptolémée Evergète Ier. Il est auteur d'une Histoire d'Antigone et d'Emène, d'un Abrégé de la Mythologie et d'un Traité des Inventions. Pline a puisé chez lui.

3 Deux rois de ce nom en Égypte : l'un à une époque très-ancienne non déterminée, l'autre vers l'an 526 avant J.-C.

4 Mesure de longueur de 4 pour un pied olympique.

5 Aujourd'hui le golfe Kolokythia, dans la mer Ionienne.

6 Cérigo, dans la Méditerranée. L'espèce de baleine de ces parages est le Rorqual.

core très-utiles pour la confection d'instrumens de guerre. Théoclès[1], dans son quatrième livre, avance qu'autour de la Syrthe[2] naissent des baleines d'un volume plus considérable que des trirèmes[3]. Le long des rivages de la Gédrosie[4], contrée de l'Inde assez célèbre, Onésicrite[5] et Orthagore ont écrit qu'il se trouve des baleines de la longueur d'un demi-stade[6], et d'une largeur proportionnelle à cette taille, ce qui paraît évident. Ils affirment, de plus, que ces bêtes ont une telle force que souvent, lorsqu'elles soufflent par leurs évents[7], elles lancent si haut le flot de la mer qu'aux hommes ignorans et inexpérimentés elles paraissent un typhon.

OISEAUX.

I. L'AIGLE.

(*Oiseau de proie diurne.*)

Sa force et ses habitudes. II. 39.

J'ENTENDS encore parler d'une autre race d'aigles, que les uns appellent *au plumage doré* et les autres *astérias*[8]

---

1 Pythagoricien, comme on le pense.

2 Grande et petite dans la même mer : on ne sait laquelle.

3 Lacépède compare ces cétacées tout développés à des monts pour la longueur.

4 Aujourd'hui le Béloutchistan.

5 Amiral d'Alexandre, qui de l'Inde poussa dans l'intérieur du golfe Persique, et composa la relation de ses voyages maritimes qui est perdue. Orthagore a aussi écrit sur l'Inde.

6 283 pieds et demi; longueur exagérée, et qu'il faut réduire à 200 pieds au moins.

7 Ou narines.

8 Erreur d'Elien ; c'est un héron, ainsi nommé à cause des taches rouges en forme d'étoiles dont il est question.

(étoilée) : mais il est rare d'en voir. Aristote dit que cet oiseau chasse les faons de biche, les lièvres, les grues et les oies écartées du troupeau. On croit que cet aigle est le plus grand de l'espèce, et l'on va jusqu'à prétendre qu'en Crète il fond avec impétuosité sur les taureaux ; or, voici comme est décrit ce combat : Un taureau est-il à paître, tête penchée jusqu'à terre, l'aigle aggresseur s'abat sur son cou, et le déchire à coups redoublés de son terrible bec. Cependant le taureau, comme tourmenté par un taon, s'enflamme de fureur et commence à fuir où l'emportent ses jambes. Tant que le quadrupède est en plaine, l'aigle reste tranquille à l'observer. Mais aperçoit-il le taureau arriver près d'un précipice? alors il agite ses aîles en cercle, les étend devant ses yeux et fait les plus violens efforts, pour lui dérober la vue de l'abîme ouvert devant ses pas. Le taureau précipité, l'aigle fond sur sa proie, lui fend le ventre et en jouit à discrétion sans aucun trouble[1]. Il ne touche pas à la proie d'autrui gisante à terre ; mais il se délecte du fruit de ses peines, et n'admet nul compagnon pour le partage. Cependant, une fois qu'il est rassasié, il infecte[2] de son haleine fétide le reste de sa proie, puis il laisse aux autres animaux les vains reliefs de son festin[3]. Ils bâtissent leurs nids loin les-uns des autres[4], de peur d'avoir à se quereller au sujet de la chasse, et ainsi d'aggraver les peines de leur triste existence.

---

1 Tout ce manége ne peut s'appliquer qu'au Gypaëte, appelé par les Suisses *Lemmergeyer*, *vautour des agneaux*. C'est, selon Cuvier, *l'ossifraga* des Latins.

2 Il n'y a ici de réel que l'haleine forte des aigles.

3 Buffon le nie.

4 Il leur faut à chacun un canton entier.

Il méprise les provocations de la corneille, XV. 22.

Les corneilles prennent à tâche de quereller les aigles; mais ces derniers les méprisent, et les abandonnent près de la terre à leur essor impuissant; eux, au contraire, d'une aile très-rapide, fendent l'air d'une région plus élevée. Et ce n'est pas, certes, qu'ils le craignent, (qui en effet, avancerait une telle erreur, avec la conscience de la vigueur de l'aigle?) mais, par certaine magnanimité naturelle, ils les laissent ramper au-dessous d'eux.

Quand il enlève des tortues, il les laisse tomber sur les pierres, pour que l'écaille se brise. — Anecdote à ce sujet. VII. 16.

Lorsque les aigles ont pris une tortue de terre, ils les précipitent du haut des airs sur des roches; puis, au milieu des débris de l'écaille fracassée, ils enlèvent les chairs et s'en repaissent! J'ai ouï dire que c'était par un accident de cette nature qu'Eschyle[1] d'Éleusis, poète tragique, avait perdu la vie. Eschyle était assis sur une roche, occupé sans doute à philosopher, et à écrire selon son habitude : sa tête chauve était nue. Un aigle s'imaginant donc que cette tête était une pierre, laisse tomber sur elle la tortue qu'il tenait. La masse rencontre juste la tête de notre malheureux poète, et l'assomme.

---

1 *Ingenium est ei* (au morphnos ou petit aigle) *testitudines raptas frangere, è sublimi jaciendo : quæ sors interemit poëtam Eschylum.* Pl., Hist. nat., X.

II. L'ÉPERVIER.

(*Même ordre.—même famille.*)

Sa taille.—Son goût pour la chasse.—Époque de sa mue.
II. 42. XII. 4.

L'ÉPERVIER, assez habile chasseur, n'est point en cela inférieur à l'aigle ; c'est l'oiseau du naturel le plus facile à apprivoiser, et qui s'attache le plus volontiers à l'homme. Il égale l'aigle pour la taille. J'ai appris que, dans la Thrace, l'épervier est pour l'homme un compagnon à la chasse des marais, et voici comment [1].

Le chasseur, après avoir tendu ses filets, se tient en silence, tandis que l'épervier, planant au-dessus d'eux, effraie les oiseaux et les chasse en foule dans l'enceinte des filets. Or, les Thraces adjugent à leur épervier une part dans les prises, et l'oiseau compte sur ce prix ; si, au contraire, ils n'en agissent pas ainsi, il les prive de son secours [2]. L'épervier qui a atteint son parfait développement combat le renard, l'aigle, et souvent le vautour.

Je me rappelle le détail suivant sur les éperviers. Avant la crue du Nil en Égypte et son débordement dans les campagnes, ils se dépouillent de leur vieux plumage, comme les arbres de leur feuillée ; ensuite ils se revêtent de plumes nouvelles et brillantes, ainsi que les arbres de fleurs.

L'espèce des éperviers contient, certes, plusieurs races qui sont réparties à diverses déités et qui leur sont consacrées.

---

1 Origine de la fauconnerie, que les croisés rapportèrent d'Orient.

2 C'est dans le naturel de cet oiseau.

III. LE ROSSIGNOL.

(*Passereau dentirostre.*)

Il apprend à ses petits à chanter.—Son amour pour la liberté. —Affaiblissement de son chant pendant l'été. III. 40 et XII. 28.

MAINTS écrivains célèbrent le fils d'Aristée, sœur d'Aristippe, parce qu'il fut instruit par sa mère[1] : cependant Aristote dit avoir vu de ses yeux la femelle du rossignol apprendre à chanter à ses petits[2]. Le rossignol est bien l'oiseau le plus passionné pour la liberté : aussi, lorsque dans l'intégrité de l'âge, après l'avoir pris et enfermé, on le garde captif en volière, il s'abstient de manger et de chanter, et se venge par le silence de l'oiseleur qui l'a réduit en esclavage. L'homme, sur l'expérience de ce fait, lâche les rossignols qu'il prend, quand ils sont trop vieux, et ne s'attache qu'à la chasse des jeunes.

Le rossignol, en été, change la couleur de son plumage et les modulations de sa voix ; mais il ne donne pas à son chant autant d'intensité, de variété et de nuances nouvelles qu'au printems.

IV. L'HIRONDELLE.

(*Passereau fissirostre.*)

Comment elle construit son nid. III. 24.

LORSQUE l'hirondelle peut se procurer de la glaise en abondance, elle la porte dans ses pattes, et en bâtit son

---

1 Métrodidactus, surnom du 2e Aristipe, qui fut disciple de sa mère.

2 L'expérience a prouvé que c'est le mâle seul qui chante.

...; mais, si elle en est dépourvue, elle se trempe dans l'eau, selon le rapport d'Aristote [1], et se jette dans la poussière dont elle souille son plumage; ce qui forme autour d'elle une boue compacte. Alors, après avoir raclé la boue avec son bec, elle construit le nid qu'elle s'était proposé. L'hirondelle sent bien que, si elle laissait coucher, sur des tiges de plantes, ses petits délicats et sans plumes, elle les condamnerait à souffrir. C'est pourquoi elle se pose sur le dos des brebis, en arrache de la laine; puis, l'étendant sous ses petits, elle leur forme une couche très-molle.

V. LA HUPPE DE L'INDE.

(*Passereau tenuirostre.*)

Fable débitée par les Indiens au sujet de cet oiseau. XVI. 5.

J'apprends que la huppe de l'Inde est double de la nôtre, et d'un plus bel aspect. Selon Homère [2], un roi grec tire sa vanité du frein et de tout autre ornement de son cheval, de même un roi indien fait de cette huppe un agréable passe-tems. Il porte cet oiseau sur sa main, en fait ses délices; en extase même devant la beauté naturelle que lui a départie la nature, il contemple sans cesse sa grâce. Or, les Brachmanes [3] publient sur cet oiseau une fable dont voici la substance :

Un roi indien avait un fils dont les frères aînés, parvenus à l'âge viril, étaient des modèles d'iniquité et d'impudence; ils méprisaient leur cadet, à cause de sa

1 Arist., Hist. des anim., IX, 7.

2 Iliad., IV, 142.

3 Fondateurs de la métempsycose. Austères et silencieux pendant 37 ans; après ce temps, ils pouvaient se livrer à toutes les délices de la vie.

jeunesse, et outrageaient même leurs parens, en abreuvant d'humiliations leur grand âge. Le fils cadet et les vieillards se refusent donc à partager le même séjour que ces hommes pervers, s'éloignent et s'enfuient. Mais enfin, après une marche pénible et forcée, les parens tombent d'accablement et meurent. Alors le jeune fils, sans rien diminuer de ses soins envers eux, les inhume en lui-même, après s'être fendu la tête avec un poignard. Or, ces mêmes prêtres disent que le soleil, aux regards duquel rien n'échappe, dans son cours, frappé d'admiration à cet excès de piété filiale, l'avait métamorphosé en oiseau d'une beauté charmante[1] et favorisé d'une longue vie ; une aigrette, en outre, s'éleva sur le sommet de sa tête, comme un monument de sa belle action dans sa fuite.

Les Athéniens, en imaginant des fictions de ce genre sur l'aigrette, donnèrent encore du crédit à cette fable, que me paraît avoir imitée aussi le poète comique Aristophane, en parlant des oiseaux[2] :

Ta nature, certes, est ignorante ; et tu n'as nulle curiosité, et tu n'as point même feuilleté Esope! lui qui, dans ces fables, a raconté que l'oiseau à aigrette était le premier de tous, que sa création précédait même celle du globe ; ensuite que son père était mort de maladie ; mais, que la terre n'existant pas, le cadavre était resté gisant cinq jours ; qu'enfin réduit à l'impossibilité de l'inhumer, l'oiseau avait enfoui son père dans sa tête.

Il paraîtrait donc que la fiction des Indiens appliquée sans doute à un autre oiseau s'était répandue chez les

---

1 La brillante peinture que les naturalistes font d'une huppe de l'Inde justifie cette épithète.

2 Comédie d'Aristophane.

[illegible]ces. En effet, les Brames avancent qu'il s'est écoulé un long espace de temps, jusqu'à ce que la huppe de l'Inde ayant encore forme humaine et étant dans l'âge de l'enfance, tînt cette conduite envers ses parens.

VI. LE COUCOU.

(*Grimpeur.*)

Il ne fait point de nid, et dépose ses œufs dans celui d'un autre oiseau, qui les fait éclore. III. 30.

Il est du domaine d'un homme instruit de connaître les faits suivans. Le coucou est très-habile et très-ingénieux à rendre faciles les choses qui sont le plus dépourvues de moyens d'exécution. En effet, il a la conscience de ne pouvoir ni couver des œufs, ni les faire éclore, à cause, dit-on, de la froideur de son tempérament. En conséquence, lorsqu'il pond, il ne se construit pas de nid lui-même et ne nourrit point ses petits : mais il épie l'instant où les maîtres d'autres nids s'absentent et se répandent dans la campagne. Alors, il entre dans le domicile d'autrui, et y dépose ses œufs [1]. Cependant il n'envahit pas indistinctement les nids de tous les oiseaux, mais ceux de l'alouette, du pigeon ramier [2], du rossignol et de la colombe ; car il sait que ces oiseaux pondent des œufs semblables aux siens. Si les nids sont vides, il ne s'en éloigne pas pour cela ; et s'ils contiennent déjà des œufs il y mêle, en outre, les siens. Néanmoins, s'il se

---

1 Fait singulier et bien bizarre du caprice de la nature : Cuvier n'en trouve aucune explication satisfaisante et rationelle.

2 Boé dit que le coucou ne dépose ses œufs que dans les nids des insectivores.

trouve beaucoup d'œufs de ces oiseaux, il les fait rouler en bas, les détruit et laisse à leur place ses œufs qui ne peuvent être distingués, ni surpris à cause de leur ressemblance. C'est ainsi que les oiseaux que j'ai cités plus haut font éclore des œufs qui ne leur appartiennent nullement. En effet, quand ces jeunes coucous frauduleusement élevés sont devenus assez vigoureux, ils s'échappent du nid et vont rejoindre leurs vrais parens; car une fois revêtus de plumes, leur nature étrangère est reconnue, et ils sont cruellement maltraités à coups de becs. Or, le coucou ne se fait voir que dans une seule saison de l'année, mais c'est dans la plus délicieuse. Depuis le commencement du printems jusqu'au lever du Syrius, il est donc visible; ensuite il se dérobe à la vue des hommes.

VII. LE PERROQUET.

(*Même ordre.*)

Respect des Indiens pour cet oiseau. XIII. 18.

DANS les palais royaux de l'Inde où passe sa vie le plus grand des monarques de cette contrée, une foule d'objets méritent une admiration telle qu'ils sont au-dessus de toute comparaison; serait-ce même celle des merveilles somptueuses de Suzé[1], bâtie par Memnon, ou des magnifiques chefs-d'œuvre d'Ecbatane[2]; car, tout ce faste des Perses ne semble plus que vanité, si on le

---

1 Ce n'est point la ville de Suze fondée, selon Strabon, par Tithon, père de Memnon, mais la citadelle bâtie par Memnon fils, et que décrit Cassiodore.

2 Capitale de l'ancienne Médie, et résidence d'été. Sur ses ruines s'est élevée Hamadan, ville des plus commerçantes de la Perse.

[illegible]t en parallèle avec l'élégance indienne. Or, il n'entre [illegible] dans le plan de cette histoire de faire un tableau complet de ces beautés ; je dirai pourtant que dans des jardins sont nourris des paons apprivoisés, des faisans dociles, et que ces oiseaux habitent au milieu des plantes cultivées avec tout le soin qu'elles réclament des jardiniers royaux. On y voit des massifs d'aloës ombreux [1], des prairies naturelles et des feuillées formées par des branches ingénieusement entrelacées. Ce qui fait le charme de cette contrée, c'est que les arbres qui l'ombragent y sont toujours verds, qu'ils n'y vieillissent jamais et n'y perdent pas leurs feuilles. De ces arbres les uns sont indigènes, les autres, importés avec grand soin de divers climats, viennent orner ce pays et ajouter à sa beauté. L'olivier seul n'a pu naître sur le sol de l'Inde ; cet arbre n'y trouve pas même sa nourriture, quand il y est transplanté d'un autre contrée.

Il est encore dans ces jardins d'autres oiseaux[2] libres et francs de tout esclavage, qui viennent d'eux-mêmes y établir leur séjour, et bâtir leurs nids. Tels sont les perroquets que l'on y nourrit et qui voltigent en foule autour du roi. Or, nul Indien ne mange de perroquets, malgré la multitude innombrable de ces oiseaux. La cause de ce respect est que les Brachmanes les regardent

---

1 Les principaux de ces arbres sont le bambou, d'où découle le *tabaxir*, sucre connu des anciens (la pellicule de cet arbre fournit encore le papier en Chine), le thek pour les navires, l'ébénier pour les arts, le cocotier pour les voiles des vaisseaux et les toits des maisons, le bananier, l'ananas, le sandal-rouge, etc.

2 L'ornithologie de l'Inde comprend la poule et le linot d'Inde, le pigeon, la perruche, le corbeau rouge, le vautour et l'épervier-dieu au plumage varié et brillant.

comme sacrés, et que, de tous les oiseaux, c'est celui qu'ils estiment le plus. Ils disent qu'ils ne font en ceci rien que de naturel, puisque le perroquet est le seul oiseau qui imite parfaitement la voix humaine articulée.

VIII. LE FAISAN HUPPÉ.

(*Gallinacé.*)

Description de cet oiseau. XVI. 2.

Dans l'Inde les coqs [1] parviennent à une très-grande taille. Ils n'ont pas une crête rouge, comme ceux de notre pays; mais ils l'ont variée, ainsi que des couronnes de fleurs. Les plumes de leur queue ne sont pas arrondies, ni recourbées en orbe, mais déployées, et quand ils ne les redressent, ni ne les relèvent, ils les traînent derrière eux. Quant à la couleur dominante, le plumage des coqs indiens [2] est doré et vert, comme l'émeraude.

IX. LE PAON.

(*Même ordre.*)

Beauté de son plumage.—Plaisir qu'il paraît prendre à se montrer.—Il était anciennement fort rare en Europe. V. 21.

Le Paon, outre qu'il n'ignore pas être le plus beau des oiseaux, sait encore très-bien en quoi consiste sa beauté. Il tire gloire [3] de ses charmes; il en est fier; il puise même

---

1 Je trouve dans Elien une description que je ne puis appliquer qu'à un oiseau encore bien plus récemment découvert (que le faisan doré), au lophophore d'Impey.

2 C'est toujours le lophophore, car le coq d'Inde était inconnu dans notre continent avant la découverte de l'Amérique. Le 1er de ces oiseaux fut servi, en France, à Charles IX.

3 Voir la description poétique de cet oiseau par Pline.

de l'audace dans l'éclat de son plumage qui l'entoure d'une brillante parure, et frappe d'une admiration craintive ses spectateurs. En été, il se crée par lui-même, avec ses plumes, un abri ni tardif, ni étranger. Veut-il effrayer quelqu'un, il dresse sa queue, puis se secoue et produit un son éclatant. Alors les spectateurs frappés de crainte sont comme terrifiés par le bruit des armes d'un guerrier. On le voit aussi lever la tête et la pencher avec un extrême dédain, comme s'il agitait avec menace un casque à aigrette. Quand il a besoin de se rafraîchir, il relève ses plumes, les incline en avant et produit ainsi une ombre naturelle sous laquelle il met son corps à couvert des ardeurs du soleil. Mais le vent vient-il à souffler par derrière, il écarte peu-à-peu ses plumes; alors le courant d'air, filtrant par les intervalles et répandant sur l'oiseau des haleines suaves et délicieuses, lui procure une agréable fraîcheur. Si on lui donne des louanges, il le sent : et tel qu'une belle femme, il étale aux regards le charme le plus brillant de son corps. Ainsi il redresse ses plumes avec art et coquetterie, offre par elles l'image d'une prairie émaillée de fleurs, ou d'un tableau admirable par la variété de ses couleurs, et la sueur attend les peintres jaloux de copier ces beautés de la nature. De plus, tout dans le paon décèle avec quelle ardeur il se livre au plaisir de s'étaler. En effet, il laisse volontiers les spectateurs se rassasier de sa vue; lui se promène autour d'eux, exposant avec soin aux regards la forme variée de son plumage, et dans son orgueil excessif, déroulant sa robe qui surpasse, par son luxe, et le vêtement des Mèdes et les parures bigarrées des Perses.

On dit que cet oiseau a été importé des pays barbares en Grèce; et comme il a été rare pendant un long espace de temps, on le faisait voir aux amateurs du beau moyennant une rétribution. A Athènes l'on recevait aux calendes les hommes et les femmes qui désiraient connaître ces oiseaux, et l'on tirait des revenus de ce spectacle. Or, on estimait un mâle et une femelle de ces oiseaux mille dragmes[1], ainsi que le rapporte Antiphron[2] dans son discours contre Erostrate. Pour les nourrir, il leur faut un pavillon à deux cellules, des hommes qui les gardent et d'autres qui les soignent. Le romain Hortensius[3] a été signalé le premier, pour avoir donné un paon dans le festin qui suivit un sacrifice. Alexandre le macédonien ayant aperçu dans les Indes ces oiseaux, fut d'abord frappé de surprise, puis, après avoir admiré leur beauté, il menaça de peines très-graves quiconque immolerait des paons.

X. LA PERDRIX.

(*Même ordre.*)

Son instinct maternel. III, 16.

Lorsque les perdrix sont sur le point de pondre, elles se construisent avec un peu de foin sec un nid appelé *aire*. Le tissu en est creux et très-commode pour couver ; elles y répandent de la poussière, se font une espèce de lit très-doux, puis elles se tapissent dans leur nid. Ensuite, après s'être recouvertes d'un toît de branchages, dans le but de se dérober à la vue des oiseaux de proie et aux recherches des chasseurs, elles se couchent

---

1 930 francs de notre monnaie.

2 Orateur contemporain de Gorgias, qui mourut vers l'établissement des 400. Il composa beaucoup de discours. Plutarque cite, comme le plus remarquable, celui dont il est question.

3 Contemporain, rival et ami de Cicéron. Il était aussi poète ; il ne nous reste rien de lui.

en pleine sécurité. Néanmoins, loin de confier sans cesse leur couvée au même canton, elles émigrent en quelque sorte dans un autre et l'y transportent; elles craignent en effet, d'être infailliblement découvertes un jour, si elles demeuraient dans la même localité. Nichant donc en divers cantons, et entraînant après elles leurs petits encore tout tendres, elles les couvent et les réchauffent de leurs plumes en les entourant de leurs aîles, comme de langes. Les perdrix, au lieu de baigner leurs petits, les couvrent de poussière[1], afin de les rendre plus brillans. La perdrix a-t-elle aperçu quelqu'un s'approcher de sa famille et lui tendre des pièges ainsi qu'à elle-même, aussitôt elle se roule devant les pieds du chasseur et lui offre l'espoir d'une prise facile. Le chasseur alors de se baisser pour la saisir; cependant le perdreau de se traîner, de fuir, de gagner du terrain. En conséquence, dès que la perdrix est persuadée et convaincue de l'inutilité des fatigues de l'oiseleur, elle lui échappe en s'envolant, rejoint ses petits, et laisse l'homme bouche béante. La mère une fois rentrée dans la sécurité, debout sur son nid, appelle ses enfans; ceux-ci, au son de cette voix, accourent à elle, en battant des aîles.

XI. L'AUTRUCHE.

(*Échassier brévipenne.*)

Ses ailes ne servent qu'à l'aider dans sa course. II. 27.

L'AUTRUCHE est munie d'aîles couvertes de plumes touffues; et pourtant la nature lui a refusé d'élever son essor dans les hautes régions de l'air : mais aussi elle court très-vite, et déploie de chaque flanc son aîle que le

---

1 Pour les dérober aux regards.

souffle du vent rend flottante, comme des voiles. Du reste, cet oiseau ne sait pas voler.

Elle avale des pierres.—Double manière de la prendre. XIV. 7.

Un auteur a fourni ces détails sur l'autruche. Si l'on vide son estomac, après sa mort, on y trouve des pierres que l'autruche avale, garde dans son gésier et digère avec le tems[1].

On prend l'autruche, en la forçant à la course avec des chevaux. Elle décrit dans sa fuite un cercle extérieur, tandis que les cavaliers lui ferment la route, en traçant d'après elle un cercle intérieur; et c'est ainsi qu'en la harassant par la poursuite, ils parviennent à l'atteindre.

On emploie encore pour la prendre la manœuvre suivante. L'autruche se bâtit dans le sol un nid peu profond qu'elle guilloche de sable avec ses pieds. Le milieu de ce nid est creux; les parois saillantes et circulaires; et elle les façonne de la manière la plus favorable à garantir contre la pluie, à empêcher l'eau de pénétrer dans le nid, et de submerger ses petits[2] encore dans un âge si tendre. A-t-elle été aperçue par un homme habile et exercé à ce genre de chasse, il plante des javelines très-aiguës autour du nid, il les fixe dans une position verticale par le moyen d'un fer pointu; l'acier brille et le chasseur retiré à l'écart se tient en embuscade dans l'attente de l'événement. Cependant l'autruche revient du pâturage transportée de tendresse pour ses petits et brûlant du

1 Erreur grossière. L'autruche, dit Cuvier, avale bien tout, mais ne digère pas tout. Son estomac percé par des clous le prouve assez.

2 Les autruches, ont prétendu des naturalistes, laissent au soleil le soin de faire éclore leurs œufs. Mais Adanson a rectifié une erreur si grave par ses observations.

désir de les rejoindre. D'abord, elle examine çà et là autour d'elle, et promène partout ses regards, dans la crainte que quelqu'un ne l'observe. Enfin vaincue et furieuse par l'amour maternel, elle déploie ses aîles comme une voile; et, emportée par sa course bruyante et aveugle, elle s'élance dans son nid. Mais, ô spectacle touchant! elle rencontre les javelines et périt transpercée. Alors survient le chasseur qui prend les petits avec la mère.

XII. PLUVIER A COLLIER.

(*Échassier pressirostre.*)

Service qu'il rend au crocodile. III. 11.

Les animaux les plus féroces deviennent aussitôt paisibles et serviables envers ceux qui peuvent leur être utiles, et se dépouillent ainsi de leur méchanceté naturelle dans leur propre intérêt. Comme le crocodile nage gueule béante, les sangsues fondent sur lui et le désolent. Dès qu'il le sent, il a recours au pluvier à collier. En effet, quand sa gueule est remplie de sangsues, il s'avance sur le rivage où il s'expose gueule béante aux rayons du soleil. Cependant le pluvier[1] y enfonce son bec et en arrache les insectes dont j'ai parlé. Le crocodile, de son côté, profitant de ce service, en endure l'opération avec patience et reste immobile. De sorte que le pluvier trouve un bon repas dans les sangsues : et le crocodile jouissant de son secours, pense le bien récompenser, en restant tout-à-fait inoffensif envers lui.

---

1 Ces faits, tout surprenans qu'ils sont, ont été prouvés par M. Geoffroy-Saint-Hilaire, dans la grande description de l'Égypte.

XIII. LA GRUE.

(*Échassier cultirostre.*)

Elles voyagent sous la conduite d'un chef, se resserrent en rond pour se mettre en défense contre les attaques de l'aigle, et, quand elles stationnent, établissent des sentinelles pour veiller à la sûreté commune. III. 13.

Les grues sont originaires de la Thrace, contrée, comme je l'entends dire, la plus rigoureuse et la plus féconde en frimats. Elles aiment pourtant le pays où elles sont nées; elles se chérissent mutuellement et se partagent entre l'amour de leur patrie et le sentiment de leur propre conservation. Aussi restent-elles, en été, dans cette contrée; mais, au milieu de l'automne, elles se transportent en Égypte, en Lybie et en Éthiopie. Les grues semblent connaître le contour de la terre, les propriétés des climats et les différences des saisons : car elles se mettent toutes en voyage, et retournent dans leur pays natal, quoiqu'elles pussent passer dans ces régions un hiver printanier, et que l'air commençât à être calme et serein. Elles se donnent, pour diriger leur vol, des chefs qui ont déjà l'expérience de ce voyage aérien. Ces chefs, selon toute apparence, sont les grues les plus vieilles. L'arrière-garde se compose de ces mêmes vétérans, tandis qu'au centre de la phalange se rangent les jeunes grues. Alors, après avoir guetté le vent favorable, un vent ami dont l'haleine les prenne en queue, les grues, profitant de ce guide qui les chasse devant lui, se forment dans leur essor en triangle à angles aigus, afin de fendre l'air que rencontre la pointe de leur escadron, et leur voyage s'opère ainsi sans peine. Voilà donc comme les grues passent les deux saisons, d'été et d'hiver.

Dès que les grues aperçoivent un aigle fondre sur elles, elles replient et courbent leur ligne, se rangent en cercle, présentent la forme d'un croissant et menacent leur ennemi, comme toutes prêtes au combat : alors l'aigle se retire et fuit en battant des ailes. Dans le trajet, ces oiseaux appuient leur bec sur le dos de ceux qui les précèdent, réunissent en quelque sorte leurs efforts pour le vol, et se rendent évidemment la fatigue moins pénible, en se reposant ainsi avec retenue les uns sur les autres [1].

Quand, sur une terre lointaine, les grues rencontrent un lieu de repos, la phalange s'y abat pour la nuit et s'y livre au sommeil. Cependant trois ou quatre d'entr'elles veillent sur la bande [2], et ces sentinelles, pour ne pas s'assoupir, restent debout sur une seule patte. Bien plus, de la patte qu'elles tiennent élevée elles supportent dans leurs griffes avec force et précaution une pierre [3], afin que si elles venaient à se laisser gagner par le sommeil, la pierre en tombant les éveillât par son bruit.

---

1 Chaque oiseau tour-à-tour à la pointe se place,
Un autre le relève aussitôt qu'il se lasse :
Chacun du dernier rang se transporte au premier ;
Chacun du premier rang se replace au dernier.

DELILLE, *Trois Règnes*, VII.

2 Elles ont leurs sentinelles et leurs gardes avancées.

CHATEAUBR., *Gén. du Christian.*, I, 7.

3 Pure fable.

XIV. L'IBIS BLANC.

(*Echassier longirostre.*)

Il se nourrit de serpens et de scorpions.—Les anciens Égyptiens le regardaient comme l'oiseau favori de Mercure.—Il fait son nid sur les palmiers. X. 29.

J'AI recueilli ces particularités sur l'ibis dans les livres égyptiens. Lorsque cet oiseau cache sa tête et son cou dans les plumes qui couvrent sa poitrine, il représente la forme d'un cœur. L'Ibis, comme je l'ai dit ailleurs, est l'ennemi mortel des animaux dont l'existence est un fléau pour les hommes et les fruits de la terre. Il est aussi, affirme-t-on, cher à Mercure, père de l'éloquence; car son corps semble être un emblême naturel du discours. En effet, ses plumes noires au vol rapide seraient l'image du discours médité en silence et renfermé dans l'esprit. Les plumes blanches, au contraire, celle du discours exprimé et déjà entendu, celle, diriez-vous bien, du messager et de l'interprète de nos sentimens. L'ibis est l'animal dont la vie est la plus longue; Apion [1] l'affirme et cite à ce sujet le témoignage des prêtres d'Hermopolis [2] qui lui ont montré un ibis immortel. Néanmoins ce fait lui paraît absolument s'éloigner de la vérité, et me semblerait tout-à-fait mensonger, quand même cet auteur serait d'une opinion contraire à la mienne. L'ibis a un tempérament très-ardent; aussi est-il très-vorace, et fait-il sa proie de ce qu'il y a de pire; car il se repaît de serpens et de scor-

---

1 Ecrivain égyptien, du temps de Caligula. Entr'autres il avait écrit l'histoire d'Égypte. Pline le cite.

2 Ville d'Égypte dans l'Heptanomide, et chef-lieu d'un des 7 nomes.

pions. Malgré cela, il digère facilement la nourriture qu'il a prise et en rejette sans la moindre peine les excrémens. On a très-rarement vu un ibis malade. Il fait son nid sur les palmiers pour échapper aux chats. En effet, ce quadrupède ne peut que difficilement grimper et se hisser le long des palmiers à cause des protubérances nombreuses du tronc contre lesquelles il se heurte et qui le repoussent.

XV. LE PÉLICAN.

(*Palmipède totipalme.*)

Sa description. XVI. 4.

J'APPRENDS que l'Inde produit encore le Pélican, oiseau trois fois plus grand que l'Outarde. Il a le bec très-gros [1], très-long et de hautes jambes. Il porte un jabot fort large, semblable à une besace [2]. Son cri est tout-à-fait désagréable ; l'extrémité de ses aîles est jaunâtre et le reste de son plumage cendré.

XVI. LE CYGNE.

(*Palmipède lamellirostre.*)

Lieux qu'il hab[illegible]—Douceur de son naturel. XVII. 24.

LE séjour et la demeure du cygne sont les lacs, les marais, les étangs et les fleuves au cours éternel, lent et tranquille. Ils sont d'un naturel paisible et parviennent à une vieillesse qui n'a rien de pénible pour eux-mêmes. Ils sont, de plus, doués d'une grande force de corps, sans pourtant se confier en elle au point d'être jamais aggresseurs : aussi triomphent-ils même aisément des aigles, quand ces derniers osent fondre sur eux.

---

1 10 pouces de longueur et 9 pouces de circonférence vers la tête.

2 Le sac est susceptible d'une grande et facile dilatation.

Chant du Cygne. II. 32.

Le cygne a été célébré comme ministre d'Apollon [1], non seulement par les poètes, mais encore par une foule de prosateurs ; au reste, je ne saurais, en vérité, dire jusqu'où s'étend son talent en musique et en poésie. Cependant les anciens ont été persuadés qu'après avoir fait entendre les accords qu'ils ont nommés *chant du cygne*, cet oiseau rendait le dernier soupir. Or, la nature accorde ainsi plus d'honneur à cet oiseau qu'aux hommes bons et honnêtes, et c'est avec raison ; car ceux-ci sont l'objet des éloges et des pleurs de ceux qu'ils ont laissés après eux, tandis que les cygnes sont réduits à exhaler sur eux-mêmes les derniers accens du deuil ou de la gloire [2], selon que vous l'entendrez.

XVII. L'OIE.

(*Même ordre.—Même famille.*)

La vigilance de cet oiseau sauve le Capitole. XII. 33.

Les chiens sont bien moins bons pour la garde que les oies : les Romains ont reconnu cette vérité. Les Celtes, en effet, leur faisaient une guerre à outrance. Ces Barbares, après avoir forcé les Romains à une prompte retraite, étaient entrés dans Rome même et s'étaient rendus maîtres de toute la ville, excepté la colline du Capitole ; car l'escalade n'en était pas facile. Aussi n'avait-on fortifié que les seuls endroits de la citadelle qui paraissaient devoir favoriser une attaque par surprise. Marcus Mal-

1 Au Capitole on voit encore une statue d'Apollon où ce dieu est représenté avec un Cygne à ses pieds.

2 Belle fiction poétique, mais rien de plus.

lius, consul de cette époque, gardait la colline dont nous avons parlé; la défense lui en avait été confiée. C'est ce même Mallius qui décerna à son fils une couronne, pour s'être distingué par son courage, mais qui aussi le punit de mort, pour s'être avancé hors de son rang. Après avoir bien reconnu par leurs yeux que de toutes parts la forteresse était inaccessible de vive force, les Celtes se postèrent en embuscade à la faveur d'une nuit ténébreuse, décidés à fondre de là sur les Romains plongés dans le sommeil le plus profond. Ils espéraient pouvoir alors escalader la citadelle par l'endroit où le rempart désert n'avait aucune sentinelle; car les Romains étaient convaincus que les Gaulois n'attaqueraient jamais de ce côté. Et pourtant le mont lui-même et la forteresse de Jupiter eussent été ignoblement pris par là, s'il ne se fût trouvé des oies, pour l'empêcher. En effet, on fit taire les chiens avec de la nourriture qu'on leur jeta; mais, comme le naturel des oies les porte, au contraire, à crier et à s'agiter à l'appât de la nourriture, elles éveillèrent par leurs cris Mallius et les sentinelles des remparts. C'est pourquoi, depuis cette époque, les Romains, chaque année, font subir aux chiens un châtiment[1], en mémoire de leur ancienne trahison; l'oie, au contraire, est honorée par eux à certains jours, et s'avance en grande pompe dans le Forum.

---

1 Il était crucifié vif à une fourche de sureau, auprès de la porte Carmentale, située au bas du Capitole. Cette ridicule cérémonie se faisait au mois d'août.

XVIII. LA BERNACHE ARMÉE.

Même ordre.—Même famille.

Caractère de ce volatile.—Sa manière de protéger ses petits. V. 30. et XI. 38.

La bernache armée (*vulpanser*[1]) a un nom composé avec raison de ceux des animaux dont elle tient et par son instinct et par son naturel mixte. En effet, elle a la figure d'une oie et pourrait être très-bien mise en parallèle avec le renard pour la fourberie. Quoiqu'elle soit bien plus petite de taille que l'oie, elle lui est pourtant bien supérieure en courage; son attaque est terrible. Aussi se défend-elle à forces égales contre l'aigle, le chat et contre les autres animaux qu'elle a pour ennemis.

Ce volatile aime beaucoup ses petits et emploie pour leur salut la même ruse que la perdrix[2]. Elle se roule donc à terre devant ses petits, et fournit presque à l'oiseleur qui s'avance l'espoir de la prendre. Cependant les petits s'esquivent, et, lorsqu'ils ont gagné assez de terrain, la mère, de son côté, prend légèrement son essor et s'échappe.

XIX. LE CANARD.

(*Même ordre.—Même famille.*)

Instinct du canard. V. 33.

Quand le canard veut faire éclore ses œufs, il choisit pour cela un sol aride, mais voisin d'un lac, d'un marécage, ou de toute autre terre aquatique et limoneuse. Ses petits, par un instinct secret qui leur est propre, savent qu'ils ne peuvent ni élever leur vol dans les

---

1 D'après Elien, Cuvier (*Notes sur Pline*) reconnaît l'oie d'Égypte. Nous lui donnons le même nom que lui.

2 V. plus haut *la perdrix*.

airs, ni même demeurer sur la terre sèche : c'est pourquoi, ils s'élancent dans l'eau et se mettent à nager tout en sortant de l'œuf, sans avoir besoin d'apprendre cet art. Bien plus, ils plongent et reviennent sur l'eau avec beaucoup d'adresse, comme si depuis long-tems cet exercice leur était familier. L'aigle que l'on appelle tueur de canards[1], vient-il à fondre sur un de ces oiseaux, pendant qu'il nage, pour l'enlever ? ce dernier plonge et disparaît, puis nageant entre deux eaux, il sort d'un autre côté. Si l'aigle le menace encore là, le canard plonge de nouveau, et cela une troisième, une quatrième fois, tant qu'il est poursuivi. Alors il arrive de deux choses l'une : ou l'aigle, en plongeant se noie, ou il cède, pour voler à une autre proie. En tout cas, le canard libre de toute crainte recommence à nager à la surface.

REPTILES.

I. LA TORTUE.

(*Chéloniens.*)

Tortue terrestre de l'Inde. XVI. 14.

Les tortues terrestres naissent dans l'Inde. Leur grosseur serait comparable à celle de la glèbe la plus vaste soulevée par un profond labourage sur un sol facile où le soc de la charrue entre très-avant, trace sans peine un sillon et fait surgir les glèbes à la surface. On prétend que ces tortues peuvent quitter leur écaille ; c'est pourquoi, les laboureurs et ceux qui s'occupent de travaux champêtres arrachent ces animaux de leurs écailles

1 Pline le nomme *Anataria* ; c'est probablement le Pygargue qui dévore indistinctement poissons, oiseaux, quadrupèdes.

avec la houe, et les en enlèvent [1], comme les vers de dessus les plantes à feuillée épaisse. Leur chair est douce et grasse et non amère comme celle des tortues marines.

Tortues du Gange. XII. 41.

L'Inde est arrosée par le Gange[2]. Ce fleuve formé d'abord par des sources est profond de vingt toises et large de quatre-vingts stades; aussi son cours n'est-il encore alimenté que par ses fontaines et nul affluent ne s'est-il mêlé à lui. Mais, lorsqu'en s'avançant dans le pays d'autres courans[3] viennent se jeter dans son sein et lui apporter leur tribut, sa profondeur est alors de soixante toises et son étendue présente une ligne de quatre cents stades. Il embrasse des îles plus grandes que Lesbos et Cyrnée [4], et dans ses ondes se trouvent des tortues dont l'écaille n'est pas moins grande qu'un tonneau de vingt amphores.

Grandeur monstrueuse de la Tortue marine. XVI. 17.

Dans la mer désignée *grande* [5], on raconte qu'il est une île très-vaste dont le nom, m'a-t-on dit, est Ta-

1 Elien parle ici sans doute d'un gros ver appelé *cossus* par les Romains, qui en faisaient un mets dont ils étaient très-friands. Ce ver se trouvait sur le Chêne.

Bernardin de S.-Pierre dit que les habitans de l'Île de France se nourrissent de même d'un ver du *moutouc*.

2 Fleuve de l'Inde qui sort du mont Himalga et se jette dans le golfe du Bengale après 600 lieues de cours. Sa source n'a été connue que de nos jours. Or, il y a beaucoup d'exagération dans ce qu'avance Elien sur la profondeur et la largeur du Gange. Vers son embouchure, pourtant, il a presque une lieue de largeur, même sans les îles.

3 On lui compte aujourd'hui 15 grands affluens.

4 Corsica, la Corse aujourd'hui.

5 Mer des Indes.

probane[1]. Je sais d'ailleurs qu'elle est très-longue[2] et très-élevée et qu'elle a sept mille stades de long sur cinq mille de large. Elle manque de villes ; mais elle est parsemée de sept cents bourgs. Les cabanes où les habitans de ce pays passent leur vie, sont construites en bois, ou même en roseaux. Cette mer produit des tortues monstrueuses dont les écailles peuvent servir de toits. En effet, une seule écaille a jusqu'à quinze coudées, étendue suffisante pour couvrir un bon nombre de personnes, protéger contre les rayons les plus ardens du soleil et fournir une ombre rafraîchissante : elle résiste encore aux torrens de pluie mieux que la tuile la plus dure ; elle en repousse le choc, et les oreilles de ceux qu'elle abrite sont frappées d'un bruit semblable à celui de la pluie qui tombe sur un toit. Il n'est pas nécessaire, comme dans une toiture en tuiles, de remplacer celles qui se brisent ; car l'écaille dure et solide ressemble à une roche creusée en voûte, ou bien à un toit caverneux et naturel.

II. LE CROCODILE.

(*Saurien crocodilien.*)

Naturel de cet amphibie. — Il était poursuivi dans certains cantons de l'Égypte, et honoré en d'autres. X. 24.

Le crocodile d'un naturel timide, méchant, fourbe et très-astucieux déploie beaucoup d'ardeur et de finesse, soit pour enlever une proie, soit pour lui tendre un piège. Il frissonne à tout bruit ; mais il redoute surtout les cris violens de l'homme. Malgré sa force, une attaque hardie dirigée contre lui le frappe de frayeur. Les

1 Ceylan qui fait partie de l'Indoustan, possession anglaise.

2 Elle a 3500 lieues carrées de superficie, presque moitié de la Grande-Bretagne.

Tentyrites [1] savent par où il est facile de vaincre ce monstre. On réussit à le blesser, en le frappant dans les yeux, aux aisselles et même encore sous le ventre ; mais on ne peut le percer ni sur le dos, ni à la queue ; car il est protégé, et pourrait-on dire, armé d'une enveloppe d'écailles semblables à de fortes coquilles ou à des conques. Cependant les chasseurs du crocodile dont j'ai fait mention lui font une guerre si acharnée que le fleuve délivré de ce brigand s'écoule en ce pays dans une paix profonde : aussi les habitans des rives se livrent avec sécurité à la nage dans ses eaux et prennent plaisir à cet exercice. Il n'en est pas de même chez les Ombres [2], les Coptes [3] et les Arséniens [4]; on n'y peut à son aise ni se laver les pieds [5], ni puiser de l'eau; on ne peut même se promener sur les bords du fleuve, sans être toujours sur ses gardes.

Les Tentyrites ont en vénération l'épervier, tandis que les habitans du pays des Coptes aiment à lui faire du mal, comme à l'ennemi du crocodile ; ils vont souvent jusqu'à le crucifier. Or [6], ceux-là vouent un culte au

---

1 Tentyre, ville de la Thébaïde ; nom arabe Dendera.

2 *Ombos*, ville de la Thébaïde, dont les ruines se nomment aujourd'hui Koun-Ombon.

3 *Coptos*, au sud de Tentyre, de laquelle sont originaires, dit-on, les Cophtes, descendans des Égyptiens primitifs.

4 *Arsinoé*, dans l'Heptanomide, ou encore Crocodilopolis-la-Grande, aujourd'hui, Médinet-el-Fayoum.

5 Cependant cet amphibie ne se rencontre presque plus que dans la partie sud du Nil.

6 Inter finitimos vetus, atque antiqua simultas,
Immortale odium, et unquàm sanabile vulgus,
Ardet adhùc, Ombos et Tentyra. Summus utrique
Inde furor vulgo, quod numina vicinorum
Odit uterque locus.

JUVENAL. *Sat. XV.*

crocodile à cause de la ressemblance qu'ils lui trouvent avec l'eau ; ceux-ci, au contraire, adorent l'épervier à cause de sa ressemblance avec le feu. Enfin, pour prouver l'antipathie qui règne entre ces animaux, ils disent qu'ils sont le feu et l'eau. Tels sont les contes que débitent les Égyptiens.

III. L'ORVET.

(*Ophidien anguis.*)

D'où lui viennent les noms qu'il portait chez les anciens. VIII, 13.

Le typhlops que l'on nomme aussi typhline[1] (*aveugle*) et même encore cophia (*sourdeau*), a, dit-on, quelque part une tête semblable à celle de la lamproie. Ses yeux sont très-petits, et c'est de là qu'il a tiré un de ses deux noms. Mais le nom de sourd vient de ce qu'il a l'ouïe insensible. Du reste, sa peau est si dure qu'on a beaucoup de peine à la fendre.

IV. LE DOUBLE MARCHEUR.

(*Ophidien.*)

Il marche en avant et en arrière. IX. 23.

Que les poètes et les auteurs de fables antiques, parmi lesquels figurent l'historien Hécatée[2], célèbrent l'hydre de Lerne[3] domptée par Hercule; qu'Homère chante la nature de la Chimère à triple tête[4], ce monstre lycien multiforme

---

1 Erreur de cette époque.

2 De Milet, sans doute historien grec très-ancien, dont il ne nous est parvenu que des fragmens.

3 Hydra, secto corpore firmior,
Vinci dolentem crevit in Herculem.

HOR. *Od. IV.*, 3.

4 Erreur mythologique d'Elien. Ce monstre était de triple nature; mais n'avait qu'une tête.

et invincible, qui, dit-on, j'en jure par Jupiter! fut pour la perte d'une foule de braves, le nourrisson d'Amisodarus, roi de Lycie; tous ces récits me paraissent devoir être mis au nombre des fables. Mais, quant à l'amphisbène[1], c'est un serpent à deux têtes, l'une à la partie antérieure, l'autre à la queue. Lorsqu'il s'avance, de quelque manière que le besoin lui ait fait prendre son élan, l'extrémité qu'il a laissée derrière lui est sa queue, l'autre devient sa tête; et s'il est de nouveau forcé de rétrogader, il prend pour tête l'extrémité opposée à celle qui en remplissait les fonctions.

V. LE PYTHON.

(*Même ordre.*)

Il étouffe des éléphans. VI. 21.

Dans l'Inde, comme je l'ai entendu dire, l'éléphant et le dragon sont ennemis mortels. Or, les éléphans cueillent des rameaux d'arbres et s'en nourrissent : les dragons qui le savent, grimpent sur les arbres, entrelacent dans leurs branches la partie de leur corps qui termine la queue et lancent horizontalement suspendue comme un câble la partie que surmonte la tête. L'éléphant survient, pour faire sa moisson de rameaux tendres. Alors le dragon[2] s'élance sur ses yeux et les lui crève. Ensuite, après avoir entouré son cou de la partie de son corps qui tient à la queue, il s'allonge, étreint l'éléphant

1 D'une espèce analogue au reptile de l'Amérique ainsi nommé, et dont la queue de même volume que la tête aura donné origine à cette fable.

2 Les anciens comprenaient sous ce nom tous les reptiles d'une grande taille; celui de Python nous a paru plus convenable, parce que c'est la seule espèce de l'Inde dont la force puisse justifier ce combat prodigieux que les naturalistes modernes n'attestent point.

avec le reste de son corps et étouffe cette bête monstrueuse avec un lacet nouveau et bien étrange.

VI. LE SERPENT D'ESCULAPE.

(*Ophid. couleuvre.*)

Il n'est point malfaisant. VIII. 12.

Le Paréias ou Parouas (ainsi le veut Apollodore [1]) est de couleur rougeâtre et d'un aspect agréable; il a la gueule large et n'est pas enclin à mordre; son naturel, au contraire, est très-doux. C'est pour cela que ceux qui les premiers se sont occupés de ces recherches, ont consacré ce reptile au plus philantrope des dieux et en ont fait le ministre d'Esculape.

VII. L'HAJÉ.

(*Ophid. vipère.*)

Morsure de l'Hajé.—Grandeur et couleur de ce reptile.—Ses œufs sont détruits par la Maugouste. VI. 38.

On ne cite aucun exemple d'homme mordu par un aspic qui ait pu échapper sain et sauf à la violence du venin. C'est delà, ai-je appris, que les rois d'Égypte portent sur leur diadème un aspic bigarré, signifiant par la figure de ce reptile que leur gouvernement est invincible. Il se rencontre des aspics qui ont jusqu'à cinq coudées de long. Ils sont généralement noirs et cendrés. On voit aussi un aspic de couleur rousse. Quiconque a été mordu par un aspic ne vit pas au-delà de quatre heures; il est obsédé, dit-on, de suffocations, de convulsions et de sanglots. On m'a rapporté que l'ichneumon détruit les œufs de l'aspic, et qu'il anéantissait ainsi les ennemis futurs de ses petits.

---

1 Apollodore, philosophe grec, disciple de Socrate, dont il ne reste que des fragmens.

Histoire tragique d'un saltimbanque mordu par un reptile de cette espèce. IX. 62.

Pompéius Rufus se trouvait agoranome, lors des Panathénées[1] telles qu'on les célèbre sur la place de Rome. Or, un saltimbanque qui donnait un spectacle de serpens nourris par lui, se voyant entouré d'une foule d'autres artistes du même genre, s'avise d'approcher un aspic de son bras, pour prouver ainsi son habileté. L'aspic de lui mordre le bras, et le charlatan de sucer aussitôt le venin de sa morsure. Mais ensuite il ne trouve plus, pour boire, l'eau qu'il tenait prête : le vase qui la contenait avait été renversé par embûches. En conséquence, n'ayant pu laver le venin et s'en délivrer, cet homme perdit la vie un ou deux jours après, je crois, et sans éprouver la moindre souffrance, parce que la gangrène ne se mit qu'insensiblement dans ses gencives et dans sa bouche.

L'Hajé s'apprivoise. XVII. 5.

Philarque, dans son douzième livre, publie ces détails sur les aspics d'Égypte. Ils y sont, dit-il, en grand honneur[2], et par le culte même qu'on leur rend ils s'apprivoisent[3] et

---

1 C'est-à-dire, pour les latins *quinquatria* ou *quinquatrus*, fête qui se célébrait à Rome, du 19 mars au 23, en l'honneur de Minerve.

2 Les anciens, en général, honoraient dans le serpent le génie de la prudence et de la force. Ils en faisaient encore l'emblême de l'immortalité, à cause de son changement de peau deux fois l'an. De nos jours, les indigènes du Canada lui *attribuent un esprit divin*, dit Châteaubriant, et ceux de la Guinée en font un de leurs fétiches.

3 Tibère en avait apprivoisé un qu'il nourrissait de sa main. Quel effet sympathique! Des charlatans Indiens parviennent même à dresser le Naïa, un des reptiles les plus féroces, à danser aux mouvemens du poing.

deviennent maniables ; car on ne les laisse jamais avoir faim. Ils sont nourris avec les enfans, sans leur faire de mal. Les appelle-t-on? ils sortent de leurs trous et s'approchent de la personne. Cet appel se fait par un claquement de doigts. Les Égyptiens sont pleins d'hospitalité pour les aspics. En effet, dès qu'ils ont dîné, ils servent de la farine d'orge sèche arrosée de vin et de miel sur la table où ils ont pris leur repas. Ensuite, par un claquement de doigts, ils appellent les aspics, comme convives. Ceux-ci se présentent au signal, pour ainsi dire convenu, et s'avancent de tous côtés, en rampant. Ils se placent autour de la table, laissent à terre en spirale le reste de leurs corps, tandis que la tête élevée, ils lèchent tout autour, se rassasient en silence et à loisir de cette farine d'orge et en épuisent la provision. Les Égyptiens ont-ils pendant la nuit quelque affaire pressée? ils font encore résonner un claquement, et ce bruit suffit pour avertir les serpens qu'ils aient à prendre garde et à s'éloigner. Alors ces reptiles comprennent la différence du bruit et son motif; aussi se retirent-ils et vont-ils se cacher, en rampant dans leurs gîtes et leurs trous. L'Égyptien une fois levé ne foule donc aucun de ces animaux, et ses pas ne font nulle victime.

VIII. LE CÉRASTE.

(*Même ordre. Même famille.*)

Sa description, et les suites de sa morsure. XV. 13.

L'HÉMORROÏS[1], que l'on pourrait ranger dans la classe des vipères, établit son gîte et son séjour dans des roches caverneuses. La longueur de son corps est d'un pied et

[1] Malgré les naturalistes Aétius, Avicenne, Nicandre, le céraste et l'hémorroïs sont une même espèce.

son épaisseur va en diminuant [1], depuis sa tête qui est grosse jusqu'à sa queue. Sa peau est en partie couleur de flamme et en partie très-noire. Sur sa tête se dresse une espèce de cornes. Il rampe lentement, en pressant contre le sol les écailles de son ventre, et il s'avance en élans tortueux. Le bruit [2] léger qu'il produit dans sa marche, prouve sa lenteur et sa faiblesse. Sa dent fait une piqûre qui devient sur-le-champ bleu foncé[3]. L'homme blessé éprouve des nausées; son état est déplorable; son ventre se vide par la voie des secrétions. Dès la première nuit, le sang s'écoule par les narines, par la bouche et même par les oreilles avec un venin bilieux. Une urine sanglante s'échappe de la vessie. S'il existe sur son corps quelque ancienne blessure, elle s'entr'ouvre d'elle-même. Mais, si la morsure vient d'un hémorroïs [4] femelle, le sang s'échappe par le bout des ongles; le venin court aux gencives; le sang s'en répand en abondance; et les dents se brisent dans leurs cellules. Ce fut, dit-on, une bête de cette espèce que foula Canobe [5], pilote de Ménélas, en Égypte, sous le règne de Thonis.

---

1 *In tenuitatem corporis habitus procedit*, trad. lat. de Gesner, qui dit avoir observé ce fait chez un noble Vénitien.

2 Lacépède, hist. des Serpens, T. I.

3 Ces effets de la piqûre de ce reptile ne sont pas prouvés.

4 Distinction absurde.

5 Ménélas, à son retour de Troie, fut jeté à une embouchure du Nil. Canobe, son pilote, s'étant endormi sur le sable, y fut mordu par un de ces serpens, et en mourut.

POISSONS.

I. LE MILANDRE ET L'HUMANTIN.

(*Chondroptérygiens à branchies fixes. Sélaciens.*)

Description de ces deux espèces de squales. I. 55.

Il est trois espèces[1] de chiens marins dont la plus grande[2] pourrait être mise au nombre des monstres marins les plus robustes[3]. Quant aux deux autres espèces, leur nature les porte à vivre dans la fange, et leur taille parvient jusqu'à une coudée. On se plaît à nommer l'une γαλεὸς roussette[4], l'autre κεντρίτη humantin[5]. Mais il serait bon d'appeler *roussettes* l'espèce qui est tachetée, de sorte qu'en nommant *humantins* les autres, on ne commettrait nulle erreur. Ceux de ces poissons dont la peau est bigarrée, ont, en outre, la chair plus molle et la tête plus large : les autres sont petits, ont la peau dure, la tête terminée en pointe et se distinguent par la couleur blanche[6]. La nature a aussi très-bien armé ces poissons de dards : ils portent l'un, pour ainsi dire, à la cime de la tête, l'autre à la queue. Ces dards sont durs, résistent à tout et lancent quelque venin [7].

---

1 On en connaît aujourd'hui un plus grand nombre.

2 Le Requin (Lamia), qui passe quelquefois 30 pieds, et pèse alors plus de 1000 l., ainsi que le milandre (canicula).

3 Voir le portrait effrayant du requin dans Lacépède. *Hist. des poissons*, t. V.

4 L'autorité de l'auteur de l'Histoire des poissons, t. IV, fait décider pour ce nom.

5 On l'a surnommé *Cochon marin*, vu son goût pour la fange et la rudesse de sa peau.

6 Brun par-dessus, blanchâtre par-dessous.

7 Erreur, mais il peut blesser grièvement.

On pêche ces deux petites espèces dans le limon et la vase : ce n'est pas un hors-d'œuvre de raconter cette pêche. Pour amorce on jette dans l'eau un poisson blanc fendu par l'arête. Quand, après s'être précipité sur l'hameçon, un de ces poissons est pris, tous à cette vue s'élancent sur lui, et pendant qu'on le tire hors de l'eau, loin de s'arrêter, ils le poursuivent jusqu'au navire. On croirait que l'envie les fait agir ainsi, comme si leur compagnon pris, enlevait pour lui seul de leurs eaux quelque nourriture. Souvent même quelques-uns sautent jusque dans le navire et deviennent volontairement une proie.

II. LE STERLET OU PETIT ESTURGEON.

(*Chondroptérygiens surloniens. Esturgeons.*)

Joie des pêcheurs, quand ils avaient pris ce poisson. VIII. 28.

On pense que c'est l'esturgeon[1] que les poètes ont appelé poisson sacré. D'après la renommée, ce poisson est rare. On le pêche dans la mer de Pamphylie[2], et même y est-il clair semé. Arrive-t-il qu'on en prenne, les pêcheurs de se parer de couronnes, en réjouissance de leur bonne fortune, de ceindre aussi de guirlandes leurs barques et d'aborder, en témoignant leur joie de cette belle proie par des claquemens de mains et par le son des flûtes.

III. L'OMBRE.

(*Malacoptérygiens abdominaux. Saumons.*)

Odeur agréable qu'elle exhale. XIV. 22.

Le Tésin[3], fleuve d'Italie, nourrit un poisson nom-

---

1 Selon Cuvier ; identité entre l'Ellops et l'Accipenser.

2 Mare internum, Méditerranée ; nommée ainsi dans l'étendue des côtes de la Pamphylie.

3 Il sort des Alpes, traverse le lac Majeur, se perd dans le Pô près de Pavie, dans le Lombard-Vénitien. L'ombre se pêche aussi dans l'Adige et le Pô.

mé l'ombre[1], qui atteint la lougueur d'une coudée, et dont la figure tient du loup marin[2] et du meunier. Quand il est pris, il répand un parfum admirable. Il n'exhale pas, en effet, comme les autres poissons, cette odeur qui leur est propre : mais on croirait tenir dans ses doigts du thym que l'on viendrait de cueillir sur la terre. Son odeur est si suave, que lorsqu'on ne l'aperçoit pas, on s'imagine que dans le gazon se trouve la plante dont j'ai parlé, que picore de préférence l'abeille, et qui a donné son nom à ce poisson.

On prend ce poisson au filet ; mais c'est avec peine qu'on y réussit avec l'amorce et l'hameçon. Encore faut-il ne se servir pour cela ni de graisse de porc, ni de came, ni de moucheron[3], ni d'entrailles d'autre poisson, ni de col de strombe[4]. On ne lui tend avec succès que le cousin, méchant insecte, l'ennemi de l'homme qu'il tourmente jour et nuit par ses morsures et son bourdonnement, mais qui allèche l'ombre dont il est question : et c'est bien le seul être auquel il plaise.

IV. LES ANCHOIS.

(*Malacoptérygiens abdominaux. Clupes.*)

Ils nagent en troupe serrée. VIII. 18.

Les anchois s'appellent aussi poissons blancs[5]; mais j'ai appris qu'ils ont, en outre, un troisième nom ; c'est celui de lycostomes que leur donnent des auteurs. Les anchois sont de très-petits poissons d'une nature féconde

1 Les Italiens le nomment encore Temolo, Temelo, Temalo.

2 Il a la figure du Saumon.

3 Espèce indéterminée.

4 Mollusque à la coquille univalve et en spirale; de là le nom de *Vis*.

5 Les anciens leur plaçaient absurdement, dit Cuvier, le fiel dans la tête.

et très-blancs à la vue. Comme ils deviennent la pâture des poissons les plus vils, dans leur effroi, ils accourent les uns vers les autres, et chacun d'eux se serrant contre ses voisins, ils évitent aisément de donner dans les piéges. La masse qu'ils forment ainsi, en nageant réunis, est si compacte que les barques voguant sur elle ne peuvent la disperser, et que, si on s'avise d'y enfoncer l'aviron ou la rame, non seulement on les trouve inséparables, mais encore liés, pour ainsi dire, les uns aux autres. En plongeant la main dans la mer, on la retire aussi pleine que d'un tas de blé ou de fèves. On appelle troupe la masse serrée et continue de ces poissons nageant; or, souvent une seule troupe a comblé cinquante barques de pêcheurs, ainsi que le prétendent les hommes habiles à cette pêche.

V. LE SALUTH OU WELS.

(*Malacoptérygiens abdominaux. Silures.*)

Aptitude des silures à s'apprivoiser.—Leur grandeur. XII, 29.

A Nabaste [1], en Égypte, est un étang qui nourrit une multitude considérable de saluths [2]. Ce poisson facile à apprivoiser est le plus doux des habitans de l'onde. Leur jette-t-on des morceau de pain, ils bondissent à la surface, s'élancent à l'envi l'un de l'autre et recueillent cette nourriture. Des fleuves produisent encore ce poisson; tel le Cydnus [3], en Cilicie [4] : mais alors il est plus petit;

---

1 Nabaste, ancienne ville d'Égypte ; ses ruines sont magnifiques.

2 Cette description est applicable au Wels; mais le Cydnus, l'Oronte, etc., ne produisent que des espèces analogues au Wels d'Allemagne.

3 Aujourd'hui Carasu. Alexandre s'y baigna et faillit en mourir : l'empereur Barberousse s'y noya en 1190. Ce n'est plus qu'un torrent.

4 Province septentrionale de l'Asie.

la cause en est qu'il ne trouve pas une nourriture assez abondante dans un courant transparent, pur et même très-froid, tel que celui du Cydnus. Il se plaît surtout dans une eau trouble et pleine de limon; il s'y engraisse : Le Pyrame[1] et le Sarus qui coulent aussi en Cilicie, en nourrissent de plus gros. L'Oronte[2] qui arrose la Syrie en produit encore. Mais ce sont le fleuve des Ptolémées[3] et le lac Apamée[4] qui engendrent les plus grands poissons de cette espèce.

Manière de les prendre. XIV. 25.

Les Mysiens[5], non ceux qui habitent la Pergame de Téléphe[6], mais j'entends parler de ceux qui, situés plus bas sur les côtes du Pont-Euxin, sont voisins de la terre de Scythie, repoussent les incursions de ces peuples et défendent avec courage le pays déjà mentionné contre toute attaque. Or, je place cette contrée près d'Héraclée[7], le long de l'Axius[8] et non loin de la ville appelée Tomes[9]. Les peuples de cette terre maudissent Médée,

---

1 Aujourd'hui Geihoum et Seihoum, naissent au mont Taurus et se jettent dans la Méditerranée.

2 Aujourd'hui l'Assi, dans la Turquie, jadis Syrie Antiochienne.

3 Il coulait sous les murs d'Arsinoé; Ptolémée Philadelphe lui substitua son nom.

4 Près de la ville de ce nom, aujourd'hui Farnia, en Syrie.

5 Les Mésiens, voisins des Macédoniens et des Thraces, et non les Mysiens de l'Asie-Mineure.

6 Fils d'Hercule et d'Augée.

7 Celle-ci est Héraclée la Sintique, en Macédoine.

8 Aujourd'hui le Vardar, sortait de l'Hémus, maintenant le Balkan.

9 Ville célèbre par les Élégies d'Ovide, de nos jours Tomesware, en Thrace.

fille d'Aétès [1], d'avoir osé commettre de ses mains scélérates un atroce forfait sur son frère Absyrthe [2] : telle est, par Jupiter! la célèbre infortune dont les Mysiens, entr'autres crimes de la magicienne de Colchos, ont transmis sur elle la poésie aux Grecs. Mais enfin voici leur manière de pêcher les saluths. Un pêcheur, habitant des bords du Danube, pousse devant lui le long de la rive de l'Ister [3] une paire de bœufs qu'il ne doit nullement employer au labour. En effet, de même qu'il se dit en proverbe qu'il n'y a rien de commun entre le bœuf et le dauphin, de même quel rapport d'amitié s'établirait-il entre les mains du pêcheur et la charrue? En conséquence, s'il rencontre un attelage de chevaux, il s'en sert de même. Alors, après avoir chargé ses épaules d'un joug, l'homme se rend où il lui paraît commode de s'établir, à l'endroit qu'il a jugé favorable pour la pêche. Là, il attache au milieu du joug des animaux un câble solide et propre à haler; il place devant eux, bœufs ou chevaux, une pâture abondante dont ils se repaissent. Après cela le pêcheur suspend à l'autre extrémité du câble un hameçon fort et très-aigu, puis après l'avoir bien garni d'un poumon de taureau sauvage, il le jette au saluth de l'Ister qui en est très-friand; mais auparavant il a soin de suspendre au câble armé de l'hameçon une masse de plomb assez pesante pour faire contrepoids au poisson tirant l'appât. A peine le poisson sent-il l'odeur du rôti de bœuf qu'il s'élance vers cette proie : tombant donc sur ce copieux régal, objet de tous ses désirs, il le dévore gloutonnement, sans défiance et engloutit le

---

1 Roi de Colchos.

2 Elle tua et dispersa ses membres dans sa fuite, pour arrêter son père.

3 Bras inférieur du Danube.

mets funeste qui lui est offert. Alors notre gourmand transporté de plaisir, s'engage en aveugle dans l'hameçon dont il a été question ; puis, brûlant aussitôt d'échapper à son fatal destin, il secoue et agite de toutes ses forces la corde. Soudain le pêcheur comprend quelle est sa prise ; il est au comble de la joie, se lève de son siége, et abandonne ses travaux de pêcheur de fleuve et de chasseur de marais. Tel qu'un acteur qui sur la scène a changé de rôle, l'homme d'aiguillonner ses bœufs ou ses chevaux, et le vigoureux cétacé de lutter de vigueur contre les deux animaux attelés. L'énorme poisson nourri dans l'Ister parvient bien de toute la force de ses efforts à se plonger au fond des eaux ; et l'attelage, de son côté, retire la corde : mais la résistance du monstre est vaine ; il finit par céder à la puissance combinée des deux animaux, et renonçant à toute défense, il est entraîné sur le rivage. Un nourrisson d'Homere les comparerait à des mules qui traînent des troncs de chênes, ainsi qu'Homère, à l'occasion des funérailles de Patrocle, le chante dans ses poèmes héroïques.

VI. LA MUSTÈLE.

(*Malacoptépygiens subrachiens. Gades.*)

Description de ce poisson. XV. 11.

La mustèle (γαλῆ)[1] paraît être un petit poisson dont la nature n'a rien de commun avec ceux que l'on nomme (γαλεὸς) murène. Elle est de l'espèce cartilagineuse, vit dans la mer, a une grande taille, et ressemble extérieurement au chien marin. La mustèle, dirais-je, n'est que le poisson nommé *hépatus*[2] : mais elle est petite ;

---

1 Les Grecs modernes, dit le suédois Forskal, nomment encore γάλια, la gade de la Méditerranée.

2 Cuvier conclut que c'est la gade eglefin.

elle a les yeux étincelans et les prunelles d'une teinte azurée; elle a aussi une barbe plus longue que celle de l'hépatus, mais moindre que celle de l'ombrine[1]. J'ai appris que la mustèle est saxatile et fait sa pâture de plantes marines; que, de plus, terrestre en quelque sorte, elle se nourrit des yeux de tous les cadavres qu'elle vient à rencontrer.

VII. LE TURBOT, LA BARBUE, LA PLIE.

(*Malacoptérygiens subrachiens. Pleuronectes.*)

On les prend facilement dans le sable. XIV. 3.

Outre l'usage de la nasse, de l'hameçon et du filet pour la pêche de ce poisson, on le prend encore de cette manière. La plupart des anses de la mer se terminent en certains marécages qui même sont guéables. Lorsque la sérénité et le calme règnent dans les airs, les pêcheurs habiles conduisent une troupe nombreuse d'hommes en ces parages et ils leur prescrivent d'y cheminer et d'y fouler le sable, en appuyant la plante des pieds avec le plus de force que possible. Ces hommes laissent après eux des empreintes profondes : si ces empreintes se conservent ainsi, si le sable en s'éboulant ne les détruit pas, et si le vent ne vient pas troubler les ondes, les pêcheurs se mettant en marche après une courte attente surprennent dans les trous formés par les pas et même dans les simples vestiges les poissons dormant étendus, tels que la barbue, le turbot, la plie et autres pareils.

---

3 Elle se nomme aussi Chrau à Marseille et Chro à Gènes.

VIII. L'ANGUILLE.

(*Malacoptérygiens apodes.*)

Artifice autrefois en usage pour prendre les anguilles. XIV. 8.

Il est une ville dans les contrées occidentales de l'Italie ; son nom est Padoue. Anténor le troyen en est, dit-on, fondateur. Ce guerrier établit son séjour sur cette terre, lorsqu'échappé au fer des Grecs, il fut chassé de sa patrie, après la prise de Troie. Les Grecs avaient usé de clémence envers lui, parce qu'il avait sauvé la vie à Ménélas, quand, accompagné d'Ulysse, il vint en ambassade réclamer Hélène. Antimaque[1] conseillait de les égorger ; mais Anténor lui dit, comme le chante Homère, que Pâris sans doute lui avait donné une somme considérable en or.

Il existe encore une autre ville dans le voisinage de Padoue ; on la nomme Vicence[2]. Le fleuve Éréténus[3] arrose ses remparts, et après un assez long cours, il se jette dans l'Eridan[4], avec lequel il confond ses eaux. L'Eréténus produit des anguilles très-grandes et plus grosses que partout ailleurs. Voici comme on les prend. A l'endroit où la rive sinueuse laisse le courant s'élargir, le pêcheur s'assied sur une roche élevée, baignée par l'onde, ou sur un arbre tout-à-fait déraciné, renversé par la violence des vents, tombant en pourriture et de nulle utilité pour le foyer. Une fois installé, le pêcheur d'anguilles, muni de trois ou quatre coudées d'intestins très-gras d'une jeune brebis, en jette un bout dans l'eau ;

1 Personnage de l'Iliade.

2 Dans le royaume Lombard-Vénitien, à 8 lieues nord de Padoue.

3 Cette rivière est la Bachiglione ou le Renone, rivières toutes deux voisines : d'ailleurs rien de certain.

4 Aujourd'hui le Pô.

l'appât, en tournoyant, s'engouffre. L'homme pourtant retient dans ses mains l'autre bout par où il insère un morceau de tuyau de la longueur d'une garde d'épée. La présence du mets échappe d'autant moins à l'anguille qu'elle en fait ses délices. Aussi la première qui survient furieuse de faim et bouche béante, y enfonce ses dents recourbées qui, terminées en hameçon, sont difficiles à dégager; ensuite elle fait mille bonds et tâche d'entraîner au fond l'amorce. Alors le pêcheur comprenant par les secousses de l'intestin qu'une anguille y est attachée, porte à sa bouche le roseau auquel cet appât est suspendu, souffle dedans de toute sa force et l'enfle avec effort. L'air, en y pénétrant en masse, le distend et le gonfle dans toute sa longueur. Enfin le souffle s'échappe par le corps de l'anguille; il s'accumule dans sa tête et dans son gosier; il obstrue le passage à l'air vital; et bientôt l'anguille, ne pouvant ni respirer, ni même arracher ses dents engagées dans l'intestin, périt étouffée, et on la tire de l'eau prise par l'appât, par le souffle et enfin par le roseau. Cette pêche réussit tous les jours, et plus on est de personnes, plus on prend de ces poissons. Ma tâche m'obligeait sans doute à mentionner de telles particularités sur les anguilles.

IX. LA MURÈNE.

(*Même ordre. Même genre.*)

La murène apprivoisée de Crassus. VIII. 4.

Les murènes sont douces et faciles même à apprivoiser; de même que l'anguille sacrée de la fontaine Aréthuse [1], elles sont très-capables d'entendre quand

---

[1] Trois fontaines du même nom : la première près de Syracuses, en Sicile, dans la péninsule d'Orthygie; la deuxième, en Béotie; la troisième, en Eubée : c'est de celle-ci qu'il est question.

on les appelle, ainsi que de recevoir avec empressement la nourriture qu'on leur donne. On célèbre la murène du romain Crassus, qui, telle qu'une brillante jeune fille, était parée de pendans d'oreilles[1] et de petits colliers garnis de pierreries[2], reconnaissait la voix de Crassus à son appel, nageait au-devant de lui, mangeait la pâture qu'il lui offrait, et la prenait dans ses mains avec vivacité et prestesse. Crassus, selon la renommée, la pleura, quand elle perdit la vie, et la fit inhumer. Un jour Domitius lui ayant adressé ces paroles à ce sujet : ô insensé ! tu as pleuré une murène ! Crassus lui répliqua : c'est vrai ; j'ai versé des larmes aux funérailles d'une truite ; et toi, tu as vu d'un œil sec celles de tes trois femmes.

X. LE GABOT.

(*Acanthoptérygiens blennies.*)

Pour quelles raisons les anciens lui donnaient les noms d'Exocet et d'Adonis. IX. 36.

Ce poisson de l'espèce des blennies fait son séjour des endroits pierreux et y trouve sa nourriture ; sa couleur est jaune. Ses deux noms ont sans doute été connus du vulgaire; car les uns l'appellent Adonis, les autres Exocet[3]. Lorsque la vague s'est calmée par un temps tranquille et serein, alors il s'éloigne de ses eaux, et s'abandonnant au mouvement du flot, il se fait déposer sur la grève où il se livre en pleine sécurité à un sommeil profond. Il sait bien que la paix est, pour ainsi dire, convenue entre lui et tous les autres animaux; mais il redoute les

---

1 Ils étaient attachés aux branchies.

2 On en ceignait leur corps, sans doute près de la tête.

3 Étymologie : miratur et Arcadia suum exocœtum, appellatum ab eo quod in siccum somni causâ exeat. Pl. l. IX, ch. 19. Il est vraisemblable que ce poisson appartient aux Blennies.

oiseaux qui s'imaginent être les nourrissons de la mer, et tirent d'elle pour leur faim. Un de ces oiseaux vient-il à se montrer, le poisson se retourne, s'élance bondissant, sautant par certaine faculté naturelle et même très-étrange, dirait-on, jusqu'à ce qu'échappé de la grève et se précipitant dans les flots, il se soit enfin sauvé. On prétend aussi nommer ce poisson Adonis, à cause de son affection pour la terre et pour la mer; selon moi, on lui aurait surtout donné ce nom d'après l'exemple que fournit la vie du fils de Cynire[1], qui se partagea entre l'amour qu'avaient conçu pour lui deux déesses, l'une terrestre, l'autre infernale.

XI. LA GIRELLE.

(*Acanthoptérygiens. Labroïdes.*)

Elles viennent mordre les pêcheurs. II. 44.

Les girelles sont des poissons qui vivent dans les roches. Leur gueule est pleine de venin[2]. Tout poisson auquel elles ont goûté devient aussitôt immangeable. Or, si des pêcheurs, après avoir pris dans leurs filets une squille à demi-dévorée par elles, jugeant cette pêche de mauvais débit, viennent à y goûter, pressés par le besoin, ils sont bientôt tourmentés de coliques à leur tordre les entrailles. Ces poissons affligent[3] encore les pêcheurs qui plongent et qui nagent; car ils s'élancent en foule sur eux, les mordant, de même que font les mouches sur terre. Il faut donc ou les repousser ou se résigner

---

1 Adonis.

2 Erreur. On sait seulement qu'il est des espèces gloutonnes qui avalent jusqu'à des substances vénéneuses.

Dans le siècle précédent, à l'île Rodrigue, 1500 anglais expédiés sur l'île de France périrent empoisonnés pour avoir mangé de ces poissons. Bern. de Saint-Pierre, *Voyage à l'Ile de France*. Lettre X.

3 Fait confirmé par Roudelet.

à être torturé de leurs morsures, et dans le premier cas, le travail de la pêche se perd en vains efforts pour les éloigner.

XII. LE SURMULET.

(*Acantoptérygiens. Mulles.*)

Sa voracité. II. 41.

De tous les habitans de la mer le surmulet[1] est le plus vorace : sa gloutonnerie est telle qu'il goûte aussitôt à tout ce qu'il rencontre. Des personnes l'appellent lépreux, nom tiré de l'aspect de son séjour ; c'est un sol de limon ou de sable couvert de pierres minces et légères à travers lesquelles croissent des algues épaisses. Le surmulet mange des cadavres d'hommes[2] et de poissons ; il aime surtout les pâtures sales et puantes.

Il était honoré par les initiés aux mystères d'Eleusis. IX. 5.

A Éleusis[3] les initiés honorent les surmulets aux mystères sacrés. On donne deux causes à ce fait. Les uns prétendent que c'est parce qu'il produit trois fois l'an ; les autres, parce qu'il dévore le lièvre marin[4], animal mortel pour l'homme[5].

---

1 Deux espèces, dans la Méditerranée : l'une plus petite et rouge ; l'autre plus grande à raies jaunes.

2 Lacépède l'atteste.

3 Nom moderne *Lepsina*, village situé sur un côteau, en face de Salamine, maintenant Colouri. Châteaub. *Itin. de Paris à Jérusalem.*

4 Mollusque qui tient du lièvre par son museau et ses tentacules.

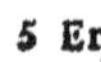

5 Er

XIII. LE GALANGA.

Acantaptérygiens. Baudroies.

Ruse qu'il emploie pour tromper et prendre les petits poissons. IX. 24.

Il existe une espèce de grenouille[1] que l'on surnomme *pêcheuse*[2] par allusion aux habitudes de sa vie. Elle porte devant les yeux en forme d'appâts, des filamens très-longs que l'on prendrait bien pour des paupières ; au bout de chacun d'eux il croît une dure boulette. Cet animal sait d'instinct que la nature l'a pourvu et même armé de cet organe pour subvenir à sa nourriture aux dépens des autres poissons.

En conséquence, après s'être blotti dans les endroits les plus sales et les plus remplis de fange, il reste en repos, tendant les filamens dont j'ai parlé. Alors les plus petits poissons nagent vers ces paupières, s'imaginant que cette extrémité de membrane qui s'offre à eux en forme de boule, est un aliment. Cependant la grenouille se tient immobile dans son embûche. Lorsque le fretin s'est approché davantage, elle soutire à elle ses filamens, et les rentre en elle-même d'une manière secrète et imperceptible, et dès que par sa gloutonnerie le fretin s'est mis à la portée de la grenouille que je viens de peindre, elle en fait son régal [3].

---

1 Sa forme approche de celle de la grenouille de marais.

2 A Montpellier on l'appelle encore pescheteau.

3 Description d'Aristote vicieuse ; en voici une meilleure. « Du milieu de l'espace qui sépare ses yeux s'élèvent trois filamens dont le premier se termine par une membrane que le poisson étale à son gré, pour attirer sa proie ».

XIV. LE THON.

(Acantoptèrygiens. Scombres.)

Ces poissons voyagent par troupes et craignent la grande chaleur. — Ils s'arrêtent quand ils sentent l'approche de l'hiver. XV. 3 et IX. 42.

C'EST au promontoire de Bubon[1] que se tiennent les troupeaux innombrables de thons. Les plus grands[2] d'entr'eux sont solitaires et nagent séparément à la manière des cochons[3]; on en voit encore s'accoupler, comme les loups[4], pour paître; d'autres, de même que les chèvres, se rendent en troupe dans leurs vastes pâturages. Quand la canicule se lève, et que les rayons du soleil ont acquis le plus d'ardeur, les thons se retirent dans l'Euxin[5]; et lorsque les flots de la mer semblent s'échauffer, ils nagent réunis entr'eux et obtiennent par la connexion de leurs corps une espèce d'ombrage[6].

Les thons sentent le changement des saisons, connaissent avec beaucoup de sagacité les conversions du soleil[7], et n'ont nul besoin de la science de ceux qui s'appliquent à connaître les mouvemens célestes. Partout où

1 Ville de Syrie qui fut située près de la mer, d'après Étienne de Byzance.

2 1000 livres.

3 Le thon, selon Polybe, a aussi du goût pour les lieux fangeux et pour le gland. Il devient, en outre, très-gras, selon Athénée.

4 Buffon le contredit : « Ils (le mâle et la femelle) ne se cherchent qu'une fois l'an, et ne demeurent que peu de temps ensemble. »

5 Mer Noire.

6 Erreur. Ils sont forcés de se serrer ainsi, pour passer d'une mer dans l'autre, à cause du peu de largeur des canaux de l'Archipel et des détroits. Cette nécessité en fait prendre considérablement.

7 Les solstices.

les surprend le commencement de l'hiver, ils y restent très-volontiers paisibles et tranquilles et attendent là le retour de l'équinoxe printanière. Ce fait est affirmé par Aristote lui-même [1].

La pêche au Thon. XV. 5.

J'ai déjà fait ici mention d'Héraclée[2], de Tios[3] et d'Amastrée[4], villes Pontiques. Les peuples qui habitent tout ce littoral connaissent très-bien l'époque de l'arrivée des thons. C'est pourquoi, ils accourent alors sur le bord de la mer tout munis contre ces poissons, d'armes, de navires, de filets et de hautes machines propres à les épier. Cette espèce d'observatoire fixée dans un endroit du rivage s'élève sur une éminence d'où la vue s'étend libre de toutes parts. Pour moi, je n'aurai nul ennui de vous décrire la construction de cette machine ; et, pour vous, le prix de votre attention à mon tableau ne sera pas sans agrément. Deux troncs de sapin très-grands sont dressés et joints ensemble par des poutres larges et nombreuses. Ces poutres les traversent de manière à rendre aux sentinelles la montée et la circulation très-faciles. Des deux côtés, chaque navire pourvu de six rames porte de jeunes rameurs très-exercés. Les filets sont très-longs, non pas très-légers, retenus d'un côté sur l'eau par des morceaux de liége et enfoncés de l'autre par une masse de plomb. Les troupes nombreuses de ces poissons y sont entraînées, en nageant.

Dès que le printemps commence à briller, les vents à souffler en paix, le ciel à être radieux, et pour ainsi dire à sourire, la vague à rester calme et la surface du

1 *Hist. des anim.*, l. VIII, 13.

2 Erekli aujourd'hui.

3 De nos jours Falios sur le fleuve du même nom à 13 lieues d'Héraclée.

4 Maintenant Amasréh, elle dépendait de la Bithynie.

la mer à s'aplanir, si, avec son habileté inexprimable et la vue perçante dont l'a donée la nature, la sentinelle aperçoit venir les thons, elle annonce aux pêcheurs de quel côté ils s'avancent; elle leur prescrit, s'il faut étendre les filets le long du rivage ou plus avant dans la mer[1], et donne le signal tel qu'un général d'armée ou un chef d'orchestre. Or, il lui arrive souvent de découvrir tout un troupeau de thons et elle n'est jamais en défaut. Alors les choses se passent ainsi : lorsqu'une troupe de thons prend son élan vers la pleine mer, l'homme qui les surveille à l'observatoire, ayant une connaissance profonde de leurs manœuvres, s'écrie d'une voix éclatante qu'il faut les poursuivre où ils sont, et ramer droit à la pleine mer. Aussitôt les hommes qui sont montés sur la lunette de sapin, attachent à l'un des arbres un câble de très-grande dimension, attenant aux filets : après cela, ils font avancer à la rame et avec ordre le long du câble les vaisseaux qui sont ainsi retenus les uns aux autres; et le filet est réparti à chaque bâtiment.

Delà, le premier navire, ayant rejeté sa portion de filet, se retire; le deuxième fait de même, le troisième aussi, le quatrième doit les suivre : cependant les manœuvriers du cinquième diffèrent encore de lâcher leur part du filet; car rien ne les y force. Ensuite, le reste des navires de ramer chacun de son côté, de traîner chacun sa portion de filet, puis de rester immobile. Néanmoins, les thons, vu leur lenteur et leur incapacité en fait d'actes d'audace, restent pleins de confiance et n'éprouvent nulle crainte. C'est pourquoi, les ra-

---

1. Voir Cuvier. *Hist. des poiss.* T. VIII, p. 31. Analyse de la description par Duhamel, d'une pêche entièrement semblable sur les côtes du Languedoc.

meurs, comme à la prise d'une ville, dirait un poète, enlèvent tout ce peuple marin [1].

Les Érétriens[2] et les Naxiens[3], grecs chéris, qui ont acquis de la célébrité à cette pêche, connaissent par expérience [4] un tel malheur, selon le rapport d'Hérodote et d'autres historiens. Mais vous apprendrez ailleurs le reste des détails de cette pêche.

Quand les pêcheurs tenaient des Thons dans leurs filets, ils invoquaient Neptune. XV. 6.

Mais il me paraît que la pêche au thon a lieu non seulement sur la côte du Pont-Euxin, mais encore en Sicile[5]. A quel propos, en effet, Sophron[6] aurait-il écrit son gracieux pêcheur de thons? Bien plus, cette pêche a lieu en maint autre pays. Lorsque les thons sont enveloppés dans un filet, les pêcheurs[7] réunis invoquent alors de toute manière Neptune-le-Tutélaire[8]. Je me suis souvent demandé à moi-même la signification du surnom donné à ce dieu, et le but des vœux ainsi que des suppliques qui lui étaient adressés; et ma raison me l'a ainsi expli-

1 D'un seul coup, en effet, on prend jusqu'à 2 ou 300,000 livres de thons.

2 Habitans d'Érétrie, ville de l'Eubée, aujourd'hui Négrepont.

3 Habitans de Naxos, une des Cyclades, maintenant Naxia. Ses belles vignes la firent encore nommer Dyonisiade.

4 Allusion à la prise par Darius d'Érétrie et de quelques autres îles de l'Archipel dont les populations entières furent transportées captives en Asie.

5 Archestrate, dit Athénée, regarde comme des plus beaux ceux des côtes de cette île.

6 Célèbre poète comique de Sicile, dont il ne reste rien. Platon aimait tant à le lire que le sommeil le surprenait avec son livre.

7 D'après Athénée, *Deipnos.* Sophron dans sa pièce, *le Rustique*, avait fait figurer le fils d'un pêcheur de Thons.

8 Surnom d'Apollon. Voir *Hésich.*, d'Hercule, *Luc. le coq*, de Jupiter, *Soph. OEdipe à Colonne.*

qué. Les pêcheurs réclament le secours du frère de Jupiter qui a l'empire de la mer, afin qu'il empêche l'approche vers le troupeau captif de quelque espadon, leur compagnon de voyage ou de quelque dauphin. Or, souvent le valeureux espadon déchire les filets et fournit au troupeau délivré une issue pour s'échapper. Le dauphin, de son côté, est un poisson dangereux pour les filets ; car il est habile à ronger les tissus.

XV. L'ESPADON.

(*Acanthoptérygiens. Padons.*)

Épée dont sa tête est armée, et dont il se sert contre la baleine. XIV. 23.

Du pied des Alpes, par où souffle le vent Borée, au-delà du pays des Rhètes[1], nom d'une nation composée d'une race d'hommes tous cavaliers, s'élance d'une source peu considérable le plus grand des fleuves de l'Europe, l'Ister dont le cours est opposé aux premiers rayons du soleil. Ensuite, comme pour servir d'escorte au roi des fleuves de cette contrée, des rivières sortent en grand nombre de la terre ; leur courant est continuel. Les peuples qui bordent les rives de ces rivières savent seuls le nom de chacune d'elles. Dès qu'elles se jettent dans l'Ister, elles perdent le nom qu'elles portaient depuis leur source ; elles y renoncent pour celui de ce fleuve qu'elles reçoivent et vont enfin toutes avec lui se jeter dans le Pont-Euxin. Diverses espèces de poissons naissent dans son sein, entr'autres les espadons.

On a donné à ces poissons un nom qui leur convient; ce qui suit le prouve. Tout leur corps est doux et ten-

---

1 Hagenbuck affirme qu'il était ici question des Marcomans ; mais ces peuples, s'étant alors avancés des bords du Danube, dans la Bohème, nous adoptons l'opinion de Reiske qui s'appuie d'Horace, *Od.* IV, III, 17 et suiv.

dre au toucher : leurs dents ne sont ni tout-à-fait crochues, ni effrayantes à voir. La nature n'a pas armé leur dos, comme celui des dauphins, ni leur queue dans sa longueur, de dards hérissés. Mais, ce qui attire surtout l'admiration de l'auditeur ou du témoin de ces faits, c'est que sous la narine, par où il respire l'air et par où l'onde pénètre jusqu'aux branchies, pour ensuite être rejetée, en pointe horizontale, s'avance un long bec qui augmente peu-à-peu en longueur et en épaisseur. Or, cette arme paraît aussi longue qu'un éperon de trirème, quand le poisson est devenu cétacée[1]. Aussi c'est non-seulement pressé par la faim que l'espadon fond sur les poissons et les tue, mais encore il combat les cétacées les plus grands et en fait sa pâture. Ce poisson ne doit rien à l'art de cette défense; la nature seule l'en a pourvu. En conséquence, l'espadon à la longue épée s'attaque même aux navires.

Des auteurs ont avancé, dans leurs récits, qu'ils avaient vu un vaisseau Bithynien tiré à sec et dont la carène en très-mauvais état par le temps se trouvait avoir besoin de réparation ; que leurs regards avaient été frappés d'y remarquer attachée une tête d'espadon ; que le poisson, après avoir planté son dard naturel dans le navire, aurait essayé de s'en arracher, et qu'à force d'efforts tout son corps se serait séparé de son cou qui était resté enfoncé tel que lors de son aggression[2]. On pêche[3] l'espadon dans la mer et dans l'Ister. Il se plaît donc dans l'eau salée comme dans l'eau douce.

---

1 Ils ont ordinairement 10 ou 12 pieds de long et même jusqu'à 20.

2 Assertion hasardée. Ce qu'il y a de vrai, c'est qu'on trouve après les navires des fragmens de cette scie.

3 Détails de cette pêche. *Strabon*, l. I. ch. 80.

MOLLUSQUES.

I. LE POULPE.

(*Céphalopodes Sèches.*)

Un Poulpe enlace au moyen de ses pieds un aigle qu'il entraîne dans la mer. VII. 11.

Ce fait-ci d'un poulpe est parvenu à mes oreilles.

Il s'élevait au-dessus de la mer un rocher d'une hauteur ordinaire. Or, un poulpe y étant un jour monté, en rampant, déployait ses bras et les réchauffait avec plaisir; car la froide saison se faisait déjà sentir. Cependant il n'avait pas encore fait prendre à son corps la couleur du rocher; ce que les poulpes ont d'abord le bon instinct[1] de faire et quand eux-mêmes esquivent les embûches qui les menacent, et quand ils en tendent aux poissons. C'est pourquoi, un aigle, l'ayant découvert de sa vue perçante, s'élance avec toute l'impétuosité et la rapidité de son vol sur le poulpe, se figurant bien que c'était à la fois et une proie pour lui-même et un souper tout préparé pour ses petits. Mais bientôt le poisson entoure l'aigle[2] dans le réseau de ses pattes, sans lâcher prise; et il entraîne au fond de la mer son mortel ennemi. On dirait un loup bouche béante[3], cet aigle qui déçu de son repas, flotte sans vie sur la mer.

Des myriades d'oiseaux subissent ce destin et plus

---

1 Erreur. Le poulpe change bien continuellement de couleur; mais le changement n'est pas à sa discrétion.

2 Ce fait n'a rien d'étonnant, puisque Deshayes, *Dict. d'hist. nat.*, convient qu'il est des poulpes assez grands, pour faire périr ainsi un homme. L'aigle, dit Pallas dans sa Géologie russe, est même quelquefois noyé par de gros poissons qui l'entraînent à fond.

3 Proverbe grec.

d'hommes encore. Tel, chez les Massagètes[1] qui ont été célébrés par Hérodote, l'on voit Cyrus[2], fils de Cambyse 1er, et Polycrate[3] qui avait fait diligence contre Orœtès, dans l'intention d'y enlever de l'or, et cet autre qui]

Tout en tramant à autrui des maux, ne travaille qu'à sa propre perte.

Or, les brutes ignorent ces dangers, et les hommes qui les connaissent ne s'en préservent pas. A quoi donc vous a servi la langue, le discours, les leçons et les châtimens, ô Cyrus et Polycrate? Je passe sous silence les autres. En effet, de quel secours seraient pour des fourbes ou des êtres stupides les hommes les plus utiles?

Histoire d'un Poulpe monstrueux tué près de Pouzzolles[4]. XIII. 6.

Les poulpes deviennent très-grands avec l'âge; ils atteignent même à la taille des cétacées au nombre desquels on les compte.

J'ai appris qu'à Pouzzoles, en Italie, un poulpe qui était arrivé à un degré d'embonpoint extraordinaire, avait conçu du dédain et même du mépris pour la pâture et les habitudes maritimes. Il s'aventure donc sur la terre et là fait sa proie de ce qu'il rencontre. Cependant il parvient à s'introduire à la nage dans un souterrain secret par où on jetait à la mer les ordures de la ville déjà citée: delà, il monte dans une maison voisine de la mer et où se trou-

---

1 Peuple du nord de l'Asie.

2 Cyrus périt dans une embûche que lui tendit Tomyris, reine des Massagètes. Cette expédition est contestée par maints historiens: en tout cas, l'issue en paraît fausse.

3 Tyran de Samos. Il méditait de se rendre maître de l'Ionie; mais attiré par Orœtès, satrape de Cambyse, il expia son ambition dans les plus cruels supplices.

4 Ou Dicéarchie, nom moins connu. Pline aussi fait Cartéia, dans la Bétique, le théâtre d'un conte plus merveilleux encore.

vait la cargaison de marchands Ibériens, entr'autres des comestibles secs et salés dans de grands vases. L'animal donc, après avoir pris les vases dans ses bras et en avoir vigoureusement serré la terre, brise le vase et en mange le contenu.

Mais, à la vue des débris et de la disparition de tant d'objets de leur cargaison, les marchands, dès leur entrée dans le dépôt, furent stupéfaits. On se perdait en conjectures sur l'auteur des ravages; car les portes n'offraient à l'examen aucune marque d'effraction, la voûte était intacte et les murailles ne décelaient aucune démolition : néanmoins, on aperçut des restes de poissons salés abandonnés par le convive non invité. Les marchands décidèrent donc que le plus audacieux des habitans de la maison resterait caché et armé dans l'intérieur de la salle de dépôt. Le poulpe se rend la nuit, en rampant, à son festin accoutumé; puis, après avoir environné de ses membres les vases, tel qu'un athlète qui étreint avec vigueur et précaution son adversaire, jusqu'à ce qu'il l'ait étouffé; de même, pour ainsi dire, le poulpe voleur brise sans peine ces vases de terre. La lune se trouvait alors dans son plein; la maison en était tout éclairée, et tout se distinguait aisément à sa clarté.

Or, l'homme seul n'ose attaquer le poulpe; il était effrayé de cette bête qui sans doute eût été plus forte que lui. Du reste, le matin il raconte en détail aux marchands ce qui s'est passé; mais il les trouve incrédules.

Enfin, après que le souvenir d'une telle perte eut chassé de leur ame celui du danger, les marchands résolurent d'attaquer de concert leur ennemi. Impatients d'un spectacle nouveau et merveilleux, les combattans alliés s'enferment de plein gré dans la maison. Le soir venu, le voleur s'avance et se précipite vers son repas accoutumé. Dès qu'il est entré, les uns de fermer l'issue de l'égoût, tandis que les autres couverts de leurs armes se jettent sur l'ennemi et lui coupent les membres avec des couteaux et d'autres armes tranchantes bien aiguisées : tel le vigneron ou le bûcheron font tomber les branches d'un chêne. Ses bras puissans une fois coupés, ce ne fut encore qu'avec une peine excessive qu'ils parvinrent à le tuer. Ce qu'il y a de bizarre dans ce fait, c'est que ces marchands pêchèrent ainsi un poisson sur terre. Mais, en outre, le naturel artificieux et rusé de cet animal nous est mis au jour dans ce récit.

II. LA SÈCHE ET LE CALMAR.

(*Même classe. Même famille.*)

Bras dont leur tête est armée—Usage qu'ils en font. V. 41.

Les sèches et les calmars ont deux trompes, pour paître. On a, en effet, quelque raison de donner à ces membres le nom de trompe : leur usage et leur forme le déterminent. Lorsque la tempête règne et que les flots sont bouleversés, ces troupes saisissent les proéminences des rochers, s'y retiennent très-fortement, comme avec des ancres, et ces poissons restent ainsi sans trouble, ni agitation. Ensuite, quand la sérénité revient, ils détachent leurs trompes, se rendent libres, et recommencent à nager, sur la foi de leur science précieuse à fuir la tempête et à se mettre à l'abri de tout danger.

La Sèche répand sa liqueur noire pour se dérober à la vue des Pêcheurs. I. 34.

Des pêcheurs habiles se disposent-ils à prendre et à enlever une sèche, dès que le poisson a senti son danger, il lance une liqueur noire qu'il renferme[1], la répand, s'en

---

1 On se sert en peinture de cette liqueur qu'on nomme *Sépia*. Voir Delille, *Trois règnes*, VII.

entoure entièrement et se perd dans ces ténèbres. Le pêcheur cependant est ainsi privé du secours de sa vue : le poisson est sous ses yeux, et il ne l'aperçoit pas. Tel, comme dit Homère, Neptune, environnant Énée d'un nuage, trompa la fureur d'Achille.

III. L'ARGONAUTE.

(*Céphalopodes. Argonautes.*)

Manœuvre curieuse de l'Argonaute. IX. 34.

L'ARGONAUTE est encore une espèce de poulpe ; il porte une conque. Pour remonter à la surface, il renverse sens dessus dessous cette conque; cela, afin que ne puisant pas d'eau, il ne soit pas de nouveau submergé. Parvenu à la surface des flots, si la sérénité et la paix règnent dans l'air, il retourne sur le dos sa coquille et la fait flotter comme une barque [1]: puis, laissant passer ses deux bras de chaque côté, et les agitant doucement, il rame ainsi et fait avancer son embarcation naturelle. Si le vent vient à souffler, il tend en avant et allonge ses rames qui alors lui servent de gouvernail; ensuite, il déploie en l'air d'autres bras dont la membrane intérieure est très-mince, et cette membrane épandue lui rend le service d'une voile : et c'est ainsi qu'il vogue avec intrépidité. S'il a quelque crainte d'animaux trop robustes pour lui, il remplit d'eau sa conque, la coule à fond et s'enfonce dans la mer par son poids. C'est ainsi qu'après s'être dérobé aux yeux de son ennemi il lui échappe. Mais la tranquillité est-elle revenue, il remonte sur l'eau et navigue. Voilà ce qui lui a fait donner le nom qu'il porte.

---

1 Aristote, dit M. Férussac, a parfaitement décrit les manœuvres à l'aide desquelles il vogue à la surface des eaux. *Dict. hist. nat.* V. Delille, *Trois règnes*, VII.

IV. LA NÉRITE.

Gastéropodes. Pectimibranches, Conchylies.

Description de la Nérite.—Fable des anciens au sujet de ce poisson à coquille. XIV. 28.

Il est un coquillage marin de petite dimension, à la vérité, mais d'une beauté admirable : il se reproduit dans la mer pure, sur les écueils à fleur d'eau, ou sur ceux qui dominent les flots et que l'on nomme Chœradus. On lui donne aussi le nom de Nérite, ce qui a fait répandre le bruit suivant sur cet animal. Or, comme rien ne s'oppose à ce qu'on sème de petites fables un long écrit, que, bien au contraire, elles reposent l'attention et prêtent du charme au discours, en voici le récit : Hésiode [1] chante que Doris, fille de l'Océan donna 50 filles à Nérée dieu marin qui, selon l'opinion générale, n'est ni fictif, ni mensonger. Homère dans ses vers rappelle aussi les mêmes faits. Un seul fils lui naquit après tant de filles, ce ne sont pas les mêmes auteurs qui l'avancent, mais c'est un bruit maritime. On prétend qu'il fut appelé Nérite, et qu'il devint le plus beau des hommes et des Dieux; que Vénus, éprise d'amour pour lui, avait été partager sa demeure au fond de la mer. Cependant, après l'expiration du tems marqué par les destins, quand il fallut que la belle déesse allât s'inscrire parmi les dieux de l'Olympe, sur l'ordre de son père, elle voulut, en y montant, emmener son jeune camarade de jeux et de plaisirs ; mais l'opinion est qu'il ne céda pas à son désir, préférant ainsi à l'Olympe le séjour de ses sœurs et de ses parens. Bien mieux, des aîles lui étaient crues. Je pense que c'était un présent signalé de Vénus. Eh bien ! il ne tint aucun compte d'une telle faveur. C'est pour-

1 Théogonie. 240.—284.

quoi, la fille de Jupiter s'en indigna, puis l'ayant métamorphosé en coquillage lui donna cette figure. Ce fut alors qu'elle le remplaça par l'amour dont elle fit son compagnon et son ministre. C'était de même un enfant très-beau qu'elle orna, en outre, des ailes de Nérite.

V. LA POURPRE.

(*Même classes. Même ordre. Pourpres.*)

Manière de prendre la Pourpre. VII. 34.

La pourpre est très-gloutonne. Sa langue est excessivement longue. Elle la fourre partout où elle trouve issue et attire à elle de cette manière ce dont elle se nourrit; mais on la prend par cet organe même. Car telle est la manœuvre de cette pêche.

On tresse une nasse petite et à mailles serrées; cette nasse renferme un turbot, poisson qui sert d'appâts à ce coquillage et que l'on suspend au milieu de la nasse. Or, le but de tous les efforts de la pourpre est d'étendre assez la langue, pour atteindre l'amorce : elle est même obligée de darder toute sa langue, pour ne pas manquer le mets friand qu'elle brûle de saisir. Tirant donc cet organe dans toute sa longueur, elle parvient à sucer sa proie. Mais aussi la langue finit par se gonfler pour cause d'intempérance et par ne pouvoir plus être retirée. La pourpre reste donc prise; et le pêcheur de pourpre qui bientôt le sent, survient, de son côté, pour achever ce que l'avidité de l'animal a commencé.

Comment il fallait tuer la Pourpre, si l'on voulait s'en servir pour la teinture. XVI. 1.

On pêche la pourpre, ou pour nourrir les hommes, ou pour en teindre[1] la laine. Un pêcheur veut-il préparer

---

1 La pourpre que l'on tire à peu de frais et en abondance des *Fucus* a fait renoncer à celle des coquillages.

la couleur qu'il tirera de l'animal à bien teindre et à rester indélébile? veut-il en même tems lui donner l'éclat naturel et inaltérable qu'elle doit avoir? Que d'un seul coup de pierre il assomme l'animal dans sa coquille. Si le coup a été trop faible, et qu'on ait laissé l'animal respirant encore, ou qu'on ait été forcé de le frapper une seconde fois, le coquillage n'est plus bon alors pour la teinture : car la couleur par l'effet du mal, se dissipe dans l'épaisseur des chairs ou s'écoule par une autre voie. Ce fait était bien connu d'Homère, dit-on, lui qui caractérisa de mort de pourpre la mort de ceux qui ont été frappés d'un coup unique et soudain. Tel ce vers qui lui fut inspiré dans ses chants :

Il tombe victime d'une mort de pourpre et de la Parque violente.

VI. L'HUITRE.

(*Acéphales testacés. Crustacés.*)

Brillante couleur des huîtres de la mer rouge. X. 13.

La variété des couleurs et la diversité des formes, dans les animaux du golfe arabique, confondent tout l'art du peintre ; et ces beautés non seulement brillent dans les animaux forts et courageux, mais même dans les êtres ignobles tels que les sauterelles et les serpens! Leur corps est couvert de dessins et de mouches qui ont l'éclat de l'or. Mais les poissons plus admirables même par la richesse et par le nombre de leurs couleurs sont d'un aspect plus admirable encore. Bien plus, cette beauté indigène a été départie jusqu'aux huîtres de la mer Erythréenne ou Golfe Arabique. En effet, elles sont environnées de zônes de feu[1], et le spectateur à ce mélange de cou-

1 Delille, *Trois règnes*, VIII.

leurs multipliées croit contempler en elles une imitation de l'arc-en-ciel : tant sont tirées avec perfection les lignes parallèles que la nature a tracées sur elles.

VII. L'ARONDE AUX PERLES.

(*Même classe. Même ordre.*)

Différens détails sur les perles. X. 13.

La perle que les sots ont rendue célèbre et que l'on admire dans la parure des femmes[1], est un produit de la mer Erythréenne[2]. On raconte sur sa création[3], à l'instant où les éclairs illuminent sa coquille entr'ouverte, des détails qui tiennent du prodige. On pêche le coquillage qui enfante la perle, quand la température de l'air est douce et que la mer est calme : puis, après que les pêcheurs ont pris ce coquillage, ils en enlèvent la perle. Mais le hasard fait que, dans une très-grande coquille se trouvera une petite perle, et dans de petites s'en trouveront de grosses: celle-ci est vide ; celle-là n'en contient qu'une ; d'autres en renferment plusieurs ; il en est même qui prétendent qu'une seule coquille en a produit jusqu'à vingt. L'écaille elle-même est un composé de chair où se forment les perles, comme des glandes. Si l'on ouvre l'écaille avant le

---

1 La passion de cet ornement fut telle chez les femmes que, pl. IX, 35; trad. Ajass. de Grand, t. VII, 93, dit : « il faut qu'on marche sur les perles. »

2 Præcipuè laudantur (margaritæ) circa Arabiam in Persico sinu maris Rubri. Pl., *hist. nat.* IX, 35.

3 Il s'est débité les contes les plus absurdes sur ce fait. « Has ubi genitalis anni stimulaverit aura, pandentes se quâdam oscitatione, impleri roscido conceptu tradunt, gravidas posteà niti, partumque concharum esse margaritas. » Pl. IX, 35. On sait maintenant que les perles sont produites par un épanchement de la liqueur nacrée.

tems favorable et avant la parfaite création de la perle, on n'y rencontre que de la chair et on ne retire point le fruit de sa pêche. La perle ressemble bien à un caillou durci et ne coutient, ni ne renferme en elle-même rien de l'humeur aqueuse qui forme sa base. Les perles les plus blanches et les plus grosses[1] paraissent à ceux qui revendent et achètent ces objets, les plus belles et les plus précieuses, de sorte qu'ils les estiment sur ces qualités. On vit devenir riches, et certes, très-riches les inventeurs de cette industrie qui pour eux n'était d'abord qu'un moyen d'existence. Ce que j'oserai affirmer, c'est qu'après avoir extrait les perles des coquillages, on peut très bien rejeter les écailles comme ayant ainsi donné pour prix de leur salut le chef-d'œuvre dont il est question; ensuite elles reproduisent le trésor enlevé[2]. Si le poisson nourricier vient à mourir avant qu'on ait tiré la perle, certain traité avance que la pierre précieuse se pourrit et se dissout avec les chairs. La perle est de sa nature polie et ronde. Mais si quelqu'un veut obtenir de l'habileté de l'art une forme arrondie autre que celle que lui a moulée la nature, la perle trahit l'intention de l'artiste; et, loin d'obéir au ciseau, elle sort de ses mains pleine d'aspérités, et dénonce ainsi qu'on a attenté à sa beauté naturelle.

---

1 Dos omnis in candore, magnitudine, orbe, laevore, pondere. Pl. IX, 35.

2 Absurdité démentie par Pline, quand il explique comment on tirait les perles de leurs coquilles. Maintenant on les étale au soleil et on attend quelquefois jusqu'à 15 jours qu'elles s'ouvrent d'elles-mêmes.

VIII. LA CAME.

(*Acéphales testacés. Cardiacés.*)

Variété dans leur forme, dans leur séjour.—Comment elles voguent sur les eaux. XV. 12.

Les cames forment un genre varié et nombreux d'animaux marins; les unes sont âpres au toucher, les autres tout-à-fait lisses; vous écraserez celles-ci, en les pressant avec les doigts, et celles-là avec une pierre et encore avec peine. Il en est qui sont très-noires; quelques-unes, à les voir, sont couvertes d'argent; d'autres étalent aux regards un mélange de toutes ces couleurs réunies. De même que leurs espèces sont multiples, de même sont divers leurs séjours. Certaines gisent dispersées sur les sables des rivages; d'autres se déposent dans le limon; celles-ci restent étendues dans les mousses marines, et celles-là, se fixant aux rochers, s'attachent à eux d'une manière inséparable.

Dans la mer désignée sous le nom d'Istrienne[1], les Cames, en été et à l'époque de la moisson, gagnent le large en troupes et voguent légèrement, tellement que ce poisson qui auparavant était pesant, se déplaçait avec peine et ne cinglait jamais en pleine mer, a changé alors tout-à-fait de nature. Mais c'est qu'ainsi elles évitent le Notus, fuient Borée et vont se mettre à l'abri de l'Eurus. Les Cames, au contraire, se réjouissent du calme de la mer et des haleines douces et agréables du zéphir. Abandonnant donc leurs gîtes, sous cette molle influence, silencieuses et encore recluses, elles s'élèvent de leur retraite à la surface des eaux, et voguent sur la mer tranquille. Ensuite, ayant ouvert leur maison à la sérénité, elles apparaissent telles que de jeunes épouses s'échappant de la

---

1 Partie du Golfe Adriatique qui baigne les côtes de l'Istrie.

chambre nuptiale, ou des roses s'élançant, aux rayons du soleil, de l'écorce rompue de leurs calices. S'enhardissant donc peu-à-peu, les coquillages se livrent avec délices à un repos calme et tranquille dans l'attente d'un vent favorable ; puis, après avoir étendu horizontalement une de leurs coquilles et relevé perpendiculairement l'autre, les cames naviguent, en se servant de l'une, comme d'une toile, et de l'autre comme d'une nacelle. Les cames s'embarquent ainsi, au sein du calme et de la sérénité, de sorte qu'à les voir de loin, on les prendrait pour une expédition navale en voyage. Viennent-elles à sentir le cinglage d'un vaisseau ou l'approche d'un monstre, ou la nage de quelque poisson formidable, on les entend par un seul claquement replier leurs écailles ; puis elles se précipitent et disparaissent en foule dans l'abîme.

ANIMAUX ARTICULÉS.

I. LES CRABES.

(*Crustacés décapodes.*)

Leurs différentes espèces.—Grosseur à laquelle ils parviennent VII. 24 et XVII. 1.

J'AI entendu dire que les crabes forment des espèces diverses et des classes multipliées. En effet, il y en a qui habitent les rochers; d'autres naissent dans le limon, les algues, les sables. Ils sont nombreux par leurs formes et leurs noms. Il en est qui errent çà et là et qu'on nomme coureurs[1], surnom qui leur convient à merveille : car ils n'aiment pas à rester oisifs et tranquilles même dans le lieu où ils sont nés. Aussi errent-ils le long des rivages

---

1 Sur les côtes de Phénicie, il s'en trouvait, dit Aristote, une espèce nommée *cavaliers* à cause de leur vélocité.

qui leur ont donné le jour. Bien plus, parfois ils font des excursions lointaines, semblables à ces hommes qui ont le goût des voyages. La cause de ces courses vagabondes consiste dans le désir de gagner des régions pierreuses, souvent même des marécages, et l'objet d'une vie si aventureuse est la jouissance d'une pâture plus abondante.

Alexandre, dans sa navigation sur la mer Erythréenne, parle ainsi : Il s'offrit à nos regards une espèce de crabes qui avaient une écaille d'un pied de circonférence en tout sens; de leurs corps s'élançaient menaçantes des pinces très-longues ; et personne ne leur tendait de pièges ; car, disait-on, ce sont les prêtres de Neptune ; ces animaux sont consacrés à ce dieu et se trouvent, comme de pieuses offrandes, à l'abri de tout dommage et de tout piège.

II. LE TOURTEAU.

(*Crustacés décapodes. Macro res.*)

Dépouillement de ce crustacé. IX, 43.

Les Pagures brisent leur première enveloppe; et, de même que les serpens se dépouillent de leur vieille peau, de même aussi ils abandonnent leur cuirasse. Or, dès qu'ils la sentent quitter leur peau, ils rôdent partout, transportés de fureur et cherchant une nourriture plus abondante afin que par l'augmentation d'embonpoint et de volume, ils fassent éclater l'enveloppe qui les gêne. Quand ils en sont échappés et qu'ils sont libres, ils restent étendus sur le sable, comme des cadavres. Mais leur nouvelle peau qui est tendre et encore molle, les pénètre de crainte. Enfin, après avoir peu à peu recueilli de la vigueur et s'être en quelque sorte ranimé, ils goûtent d'abord du sable. Ils sont dépourvus de courage et de toute confiance, jusqu'à ce qu'ils se voient environnés d'une cuirasse extérieure : mais, dès qu'elle a commencé à durcir et à passer à l'état d'écailles, ils rejettent alors toute crainte, enhardis par cette défense, ce rempart, cette armure complette, dirait-on bien, qui garantit tout leur corps.

III. L'ERMITE.

(*Même ordre.—Même famille.*)

Ils passent leur vie dans des coquilles dont ils s'emparent et dont ils changent. VII. 31.

Les Ermites naissent nus : mais ils se choisissent une coquille, charmante habitation dont ils font une espèce de domicile. Ils se glissent donc volontiers dans la coquille du pourpre ou dans la conque marine qu'ils trouvent vide. Ils se tiennent cachés et se plaisent dans cet asile, jusqu'à ce qu'une augmentation de volume ne les force à changer de demeure. Ils se retirent non-seulement dans les coquillages que nous venons de citer, mais même dans beaucoup d'autres.

IV. LA LANGOUSTE.

(*Même ordre—Même famille.*)

Peur que ces crustacés ont du Poulpe.—Leur manière de naviguer.—Leurs luttes entre eux. IX. 25.

La Langouste a le Poulpe pour ennemi. Telle est la cause de cette haine. Quand le Poulpe jette une fois ses bras autour d'elle, loin de tenir compte des piquans qui hérissent son dos, il lui ferme, au contraire, toute issue et l'étouffe dans ses étreintes; cependant la Langouste qui connaît très-bien ce péril, s'y soustrait par la fuite. Voici le portrait de la Langouste. Quand elle n'a nulle crainte, elle nage tête en avant, après avoir obliquement placé ses cornes de chaque côté, de peur que la vague, en se brisant contre elles, ne la retienne et ne l'empêche d'avancer. Mais, si elle fuit, alors ramenant ses cornes en arrière[1], elle les plonge tout-à-fait sous les flots; car s'en servant ainsi, comme de rames, et filant telle qu'une barque légère, elle fend plus rapidement les flots. S'il s'élève un combat entre elles, elles dressent leurs cornes, puis fondant les unes sur les autres, comme des béliers, elles se heurtent de front.

V. LE PALÉMON, OU CREVETTE A DENTS DE SCIE.

Comment il donne la mort au Loup marin. I. 30.

Le Loup marin est vaincu par la Squille : sans cela, il serait, malgré le plaisant de l'expression, le plus grand mangeur de poissons délicats. Or, comme il vit dans les marais, il tend des pièges aux Squilles qui les peuplent. Il est trois espèces de Squilles, celles dont j'ai déjà parlé, celles qui fixent leur séjour dans les algues et celles qui demeurent dans les rochers. Comme elles se reconnaissent incapables de résister à leur ennemi, elles prennent le parti de l'entraîner dans une mort commune. Ici, je m'empresserai de raconter leur adresse[2]. Dès qu'elles se sentent prises, animées alors d'un mâle courage, elles retournent adroitement cette corne[3] qui, armant leur tête, ressemble dans un sens à

---

1 « Retrorsùm pari velocitate *redeunt.* » Pl. IX, 30.

2 Fait nullement encore prouvé.

3 Cette corne, dont l'extrémité se relève, a 7 ou 8 dents en-dessus et cinq en dessous : une autre espèce moins grande n'en a que 6 en-dessus et 3 en-dessous.

un éperon de galère très-aigu et, dans l'autre, offre des incisions, comme une scie ; après cela, elles bondissent et reculent avec prestesse et agilité. Le Loup marin, de son côté, ouvrant une grande gueule béante, découvre les parties molles et tendres de son cou; et, maître de la Squille affoiblie, il s'imagine en faire un bon repas. Mais la Squille s'élance d'elle-même dans le vaste gouffre qui l'attend et sautille, dirait-on, d'allégresse à travers le gosier du monstre. Là, elle perce de son dard le misérable pêcheur et lui déchire les intestins ; le sang qui les gonfle en jaillit à flots et l'étouffe. La Squille elle-même périt enfin dans le cadavre de sa victime.

VI. L'ARAIGNÉE.

(*Arachnides pulmonaires. Fileuses.*)

Réservoirs intérieurs d'où sortent les fils de la soie. I. 21.

Les hommes attribuent à une déesse nommée Erganès l'invention des deux arts de faire des tissus et d'apprêter la laine ; tandis que ce n'est qu'à la nature que l'Araignée doit son habileté à faire de la toile. Cet insecte, en effet, ne se livre nullement par imitation à la culture de cet art ; elle ne prend pas non plus au dehors son fil : mais, tirant l'élément de sa trame de son propre sein, elle fabrique des toiles qui, telles que des filets tendus, sont destinées clairement à prendre de légers insectes ; et le même suc qu'elle tire de son ventre, pour tisser, lui sert aussi pour sa nourriture. Son zèle est si infatigable que les femmes les plus adroites et les plus habiles à confectionner un fil parfait ne peuvent soutenir le concours avec elle. Son fil surpasse les cheveux en finesse.

Instinct géométrique de l'Araignée. VI. 57.

Les Araignées non-seulement possèdent l'art de tisser, et sont en cela aussi adroites que Minerve, déité artiste et filandière, mais la nature les a encore douées d'habileté en géométrie. En effet, elles observent leur centre, tracent de ce point des lignes circulaires très-exactes et décrivent une circonférence parfaite, sans avoir besoin des règles d'Euclyde [1]. Or, postées au centre de leur toile, elles tendent des embûches à leur proie. Mais, outre qu'elles excellent dans l'art de tisser, comme en convient quiconque contemple leur ouvrage, elles sont aussi très-habiles ravaudeuses. Déchirez-vous quelque partie de leur toile si bien ourdie, dès qu'elles le remarquent, elles réparent la lacune et rendent leur travail à son intégrité.

VII. LE SCORPION.

(*Arachnides pulmonaires. Pédipalpes.*)

Petits trous placés sous son dard, et servant d'issue à la liqueur venimeuse. IX. 4.

J'ENTENDS dire que les dents[2] de l'aspic, qu'avec raison l'on pourrait appeler venimeuses, sont entourées et tapissées comme de tuniques internes très-minces, assez

1 Célèbre géomètre du 3e siècle av. J.-C. Il nous est parvenu de lui plusieurs ouvrages : *les éléments* sont les plus glorieux. Dans beaucoup de pays, en Angleterre même, c'est le seul livre élémentaire de Géométrie que l'on suive.

2 Outre les dents ordinaires, les serpens venimeux ont encore celles appelées *crochets à venin*. Ils sont creux; une glande renferme le venin qui pénètre dans ces crochets par une ouverture à la racine, et s'en échappe par une autre à la pointe.

semblables à des membranes. Lorsque l'aspic blesse quelqu'un de sa morsure, les membranes, dit-on, se contractent; le venin en découle; ensuite elles reprennent leur place et se réunissent. On prétend de même que le dard du scorpion a une cavité intérieure qui se replie en sinuosités et qui n'est pas très-visible à cause de son excessive ténuité. C'est-là, assure-t-on, que se renferme et se produit le poison qui, aussitôt que l'animal porte un coup, découle du dard : le trou par lequel sort le venin échappe à la vue. Mais l'homme qui crache[1] sur de la graisse émousse le dard, l'amollit et le rend impuissant pour la morsure.

Peuples forcés à l'émigration par le grand nombre de Scorpions et d'Araignées. XVII. 40.

Le long du lac appelé Aorrathias, qui lui-même est situé dans l'Inde près du fleuve Astroboras[2], est un pays inhabité que l'on nomme désert. Les Indiens[3] qui habitent autour de ce cercle disent que le pays dont nous venons de parler n'avait pas été, dans les âges précédens, ni dès l'origine du monde, toujours dépeuplé, mais qu'une multitude prodigieuse de scorpions était venue fondre sur cette terre, et qu'en outre il s'y était jeté aussi une quantité innombrable d'araignées nommées Tétragnates[4]. On prétend que la corruption

---

1 Conte aussi absurde que toutes les recettes du grimoire de la sorcellerie.

2 Fleuve aujourd'hui appelé Tacase ; il traverse l'Abyssinie, la Nubie, et se jette dans le Nil bleu.

3 Non pas les Indiens, mais les Éthiopiens que les anciens ont souvent pris les uns pour les autres.

4 Espèce dont les yeux sont rangés 4 à 4 presque parallèlement et dont les mâchoires sont longues et étroites.

des eaux pluviales avait formé ces pernicieux insectes; que, pendant quelque tems, les habitans du pays souffrirent et endurèrent avec beaucoup de patience et de courage l'invasion de ce fléau; mais que le mal une fois devenu insurmontable, puisque les hommes de tout âge en étaient victimes, les habitans alors cessèrent par désespoir de combattre les progrès de cette peste, abandonnèrent cette contrée et laissèrent déserte leur patrie naguères chérie, la plus belle des patries. Pour moi, je crois n'avoir nul tort, en traitant cette terre de marâtre.

VIII. LA SAUTERELLE.

(*Insectes orthoptères. Sauteurs.*)

Dégât que ces insectes font dans les moissons. III. 12.

Les Thessaliens, les Illyriens, et les Lemniens[1] regardent les corneilles, comme leurs bienfaitrices. Aussi, dans leurs villes, décrétaient-ils à ces oiseaux une nourriture aux frais du public; car les corneilles détruisent les œufs des cigales qui ruinaient les moissons dans leurs climats. Ainsi donc périssait la progéniture des cigales; les nuées de ces insectes en étaient bien moins considérables, et les nations citées préservaient par ce moyen de tout dégât leurs moissons.

IX. LA CIGALE.

(*Insectes hémiptères. Homoptères.*)

Organe dont le mâle est pourvu pour chanter.—Heure à laquelle il chante. I. 20.

Toutes les volatiles chanteuses se servent de leurs bouches et modulent avec leur langue des sons, comme

1 Lemnos, aujourd'hui Stalimène, dans l'Archipel grec.

les hommes; les cigales, au contraire, sont très-babillardes, mais par les reins[1]. Elles se nourrissent de rosée[2], et sont silencieuses depuis l'aurore jusqu'à l'heure où les citoyens remplissent les forums : mais, dès que les rayons du soleil ont atteint toute leur force, elles font entendre leur cri musical : certaines d'entre elles, chanteuses infatigables, dirait-on bien, se posent sur la tête des pasteurs, des voyageurs et des moissonneurs qu'elles charment de leur mélodie. La nature pourtant n'a doué que les mâles de ce goût pour la musique. La femelle est muette et ressemble par son silence à une jeune épouse pleine de pudeur et de modestie.

X. LES FOURMIS.

(*Hyménoptères porte-aiguillon. Hétérogynes.*)

Excavations et constructions des Fourmis. XVI. 15.

La fourmi indienne est un insecte très-habile. Quant aux fourmis de nos climats, elles se creusent bien des trous et des retraites sous le sol; à force de fossoyer, elles s'ouvrent bien des cavernes cachées; elles se harassent à percer, comme des mineurs, des galeries secrètes et inconnues : mais les fourmis de l'Inde se construisent un amas de petites habitations, non pas en plaine ou sur des terrains bas et d'une facile submersion, mais sur des plateaux élevés. Or, après s'être pratiqué autour de ces hauteurs avec une habileté inexprimable des passages circulaires, images des catacombes[3] d'É-

---

1 Erreur : car, l'organe du chant est sous le ventre de la cigale. On le nomme *Timbales*, parce qu'il ressemble à cet instrument.

2 Fiction poétique. Des feuilles et des tiges sont leur pâture.

3 Les galeries de ces hypogées sont souvent très-étroites : delà, le nom de Syringes qu'elles ont reçu.

gypte ou du labyrinthe de Crète, ces insectes y établissent leurs demeures. Ce souterrain n'est ni direct, ni commode pour la circulation ou pour le transport, il est, au contraire, oblique en ses percées sinueuses. Les fourmis ne laissent, dans toute son étendue qu'une seule ouverture par où elles entrent elles-mêmes et font entrer les graines qu'elles recueillent; ensuite elles les transportent dans leurs magasins[1]. C'est, pour échapper aux débordemens et aux inondations des fleuves qu'elles se creusent des retraites souterraines sur les éminences. Grâces à cet instinct prudent, il arrive à ces insectes d'habiter, comme sur des écueils ou même dans des îles, lorsque, par exemple, les collines se trouvent entourées de terrains stagnans. Quant aux digues artificielles qu'elles bâtissent, bien loin d'être dissoutes et déchirées par l'eau qui les baigne de tous côtés, elles n'en deviennent que plus solides; car d'abord elles sont revêtues, pour ainsi dire, d'une tunique peu épaisse, mais compacte de poussière delayée avec de la rosée du matin; à la partie supérieure, la digue est liée, en outre, par des écorces flexibles cimentées de vase fluviale.

XI. LES ABEILLES.

(*Hyménoptères porte-aiguillon. Mellifères.*)

Leur police.—Leur manière de vivre.—Leurs ennemis. V. ++. XI

La reine[2] des abeilles a le souci d'entretenir de cette manière dans sa ruche la propreté et la discipline. Elle

1 C'est faux; les fourmis consomment à mesure qu'elles recueillent et passent l'hyver engourdies par le froid.

2 Le texte grec dit *un roi*; mais j'ai tenu à rectifier cette erreur dans la traduction. Malgré ses autres inexactitudes, ce chapitre est très-intéressant en ce qu'il est l'analyse simple du 4e chant des Géorgiques de Virgile. Consulter les notes de Delille.

prescrit aux unes de porter de l'eau, aux autres de façonner des alvéoles dans l'intérieur, et à la troisième division d'aller pendant ce tems à la picorée.

Ensuite elles changent à tour de rôle de tâches et d'attributions. Cependant par un très-beau privilége et par goût, les plus âgées restent au logis. Quant à la reine, elle se borne à veiller aux soins énumérés plus haut et porte des lois, émule ici des grands princes que les philosophes aiment à nommer habiles et puissans monarques. Du reste, elle se tient en repos; car elle est exempte de travailler par elle-même. Si la migration est plus avantageuse pour son peuple elle ordonne aussitôt le départ. Si la reine est encore jeune, elle se met à la tête de l'essaim qui la suit; mais, si elle est trop vieille, elle s'avance portée par les abeilles. A un signal, les abeilles se livrent au sommeil. C'est pourquoi, lorsqu'il paraît tems de s'endormir, la reine commande à l'une d'elles de porter ce signal. Celle-ci obéissante va partout le publier et les abeilles qui à l'instant étaient encore bourdonnantes se retirent dans leur gîte. Tant que dure la vie de la reine, la ruche jouit de la paix et toute cause de désordre en est bannie. Les bourdons restent de bonne grâce tranquilles dans leurs cellules. Les vieilles abeilles habitent à part, les jeunes de leur côté; la reine de la ruche vit solitaire; les rejetons d'essaims ont aussi leur quartier; et, en outre, il se trouve deux réduits séparés l'un pour la nourriture, l'autre pour les excrémens. Le roi vient-il à mourir, le désordre et l'anarchie bouleversent tout. Les bourdons viennent pondre dans les cellules des abeilles; la confusion devient générale; la ruche n'a plus nul élément de prospérité. Enfin même elle est détruite par la perte de sa reine.

L'abeille mène une vie innocente et pure; elle ne mangerait d'aucun animal. Et, pour cela, elle n'a nul besoin des leçons de Pythagore[1]; car elle se contente de fleurs pour sa nourriture. Elle est courageuse et intrépide. Aussi elle ne fuit aucun animal et, loin de céder par lâcheté, elle attaque la première. Quant à ceux qui ne les troublent point, qui les premiers ne commencent pas à leur nuire, qui ne s'approchent point de la ruche dans un dessein perfide et criminel, les abeilles restent en paix et font alliance avec eux. Mais une guerre implacable, que la poésie a célébrée, les enflamme contre ceux qui les affligent, et quiconque vient ravager leurs rayons est regardé par elles comme ennemi. Elles chassent avec fureur les frélons. Aristote rapporte qu'ayant rencontré un cheval près de leur ruche, les abeilles fondirent sur lui avec une rage extrême et le tuèrent. Parfois aussi, elles se battent entre elles et les plus fortes triomphent des plus faibles. Les crapauds, les grenouilles de marais, les mésanges, les hirondelles et souvent même les guêpes enlèvent, comme je l'entends dire, les abeilles. Mais aussi tous ces animaux vainqueurs ne remportent qu'un trophée comparable à celui des guerriers de Cadmus[2]; car ils se retirent misérablement frappés et percés de dards. L'abeille, en effet, est armée d'un courage aussi terrible que son aiguillon.

---

1 L'abstinence des viandes résultait nécessairement de la métempsycose.

2 Allusion aux guerriers nés des dents du dragon semées par Cadmus et qui s'entr'égorgèrent aussitôt.

FIN.

CHOIX MÉTHODIQUE

DE

L'HISTOIRE NATURELLE

DES ANIMAUX

EBERHART, IMPRIMEUR,
Rue du Foin S.-Jacq., 12.

www.ingramcontent.com/pod-product-compliance
Ingram Content Group UK Ltd.
Pitfield, Milton Keynes, MK11 3LW, UK
UKHW020916180726
13838UKWH00002B/586

9 782329 350486